AF741909

Les illusions d'optique

Une introduction à la pensée quantique du quotidien

Pour Comprendre

Collection dirigée par Jean-Paul Chagnollaud

L'objectif de cette collection *Pour Comprendre* est de présenter en un nombre restreint de pages (176 à 192 pages) une question contemporaine qui relève des différents domaines de la vie sociale.
L'idée étant de donner une synthèse du sujet tout en offrant au lecteur les moyens d'aller plus loin, notamment par une bibliographie sélectionnée.
Cette collection est dirigée par un comité éditorial composé de professeurs d'université de différentes disciplines. Ils ont pour tâche de choisir les thèmes qui feront l'objet de ces publications et de solliciter les spécialistes susceptibles, dans un langage simple et clair, de faire des synthèses.
Le comité éditorial est composé de : Maguy Albet, Jean-Paul Chagnollaud, Dominique Château, Jacques Fontanel, Gérard Marcou, Pierre Muller, Bruno Péquignot, Denis Rolland.

Dernières parutions

Otto Maria CARPEAUX. *Histoire de la littérature occidentale de 1920 à 1980. Extraits,* 2010.
Michel PERRIN, *1848, Louis Blanc ou la fraternité en République. Un repère pour aujourd'hui*, 2017.
Elisabeth CHAMORAND, *La liste noire,* 2017
Paul NDA, *Sociologie politique, Pour comprendre ce qui se joue, se décide et se passe ici et ailleurs, avec sa géométrie variable,* 2017
Emmanuel FRAISSE, *Les anthologies en France*, 2017.
Simon LAFLAMME, *L'autonomisation des sciences humaines. Théories en sciences humaines au XXe siècle*, Tome I, 2016.
Laurence HARANG, *Pour une communauté humaine et animale, La question de la dignité animale*, 2016.
Marc AUGIER, *La société numérique*, 2016.
Michel BOURSE, *Les Cultural Studies. Essai*, 2015.
Aimé FAY, *Le Capital en quelques mots. De Platon à nos jours*, 2015.
Dominique JOSSE, *L'avenir de l'homme postmoderne, L'urgence de retrouver nos racines*, 2015.
Gérard PETITPRÉ, *La Constitution du 4 octobre 1958 de A à X*, 2014.
Charlotte GRÉ, *Street Art et droit d'auteur. À qui appartiennent les oeuvres de la rue ?,* 2014.
Patrice VIVANCOS, *De la Culture en Europe. De quoi est-il question quand nous agitons ce mot « culture » ?*, 2014.

Xavier BOLOT

Les illusions d'optique

Une introduction à la pensée quantique du quotidien

L'Harmattan

© L'HARMATTAN, 2017

5-7, rue de l'École-Polytechnique, 75005 Paris
http://www.editions-harmattan.fr
ISBN : 978-2-343-13164-1
EAN : 9782343131641

Le monde ne nous est pas donné,

il est mouvant

et nous en faisons partie

Premières réactions

J'ai adoré lire ton manuscrit, c'est vraiment très intéressant, surtout quand on s'intéresse à l'image.
Olivier Clavaud, Peintre et sculpteur, infographiste.

J'ai lu ton manuscrit. Je l'ai trouvé intéressant. Difficile pour moi de juger la partie biologique, mais la mécanique quantique est plutôt bien décrite. Bien sûr les parallèles que tu fais entre la mécanique quantique et les perceptions me semblent plus de l'ordre métaphorique que de véritables ponts, même si les parallèles interpellent je suis assez d'accord... à vrai dire.
J'ai déjà réfléchi pas mal à ce qu'on pourrait trouver comme assise commune, c'est bien sûr difficile étant donné que nos perceptions constituent la matière de tout raisonnement... à ce sujet j'ai trouvé ton texte plutôt inspirant, pouvant donner envie de creuser plus.
Après que faire de ces constatations ? Que pouvons-nous améliorer en pensant de cette manière ?
Olivier Brodier, ENS, CNRS UMR 7350, UFR de Sciences et Techniques, Laboratoire de Mathématiques et Physique Théorique (LMPT), Enseignant chercheur, Maitre de conférences.

A Isabelle

Plan du livre

Introduction. Comprendre le monde 13

Ière PARTIE
Des processus neuronaux multipolaires

Introduction. Une erreur judiciaire 17

Chapitre 1 La multiplicité des illusions 21
1.1 Des sensations presque concrètes
1.2 Des concepts abstraits
Chapitre 2 Des neurones étonnants 25
2.1 Les neurones de Peterhans
2.2 Les neurones grand-mère
2.3 Les neurones miroirs
2.4 Les neurones dopaminergiques
2.5 Les neurones du sillon intra pariétal
Chapitre 3 La mémoire créatrice 35
3.1 L'attention et la perception
3.2 Le capteur de l'image
3.3 La mise en mémoire
3.4. Le retour de mémoire
Chapitre 4 Les schémas mentaux 45
4.1 L'émergence de la pensée
4.2 Les Trois Réalités
4.3 Les modèles mémorisés
les images, les dispositions
les schémas de perception et d'action

Remarques sur la Ière partie
Des schémas pour survivre 51

IIème PARTIE
Domaines de pensée 53

Introduction. Des schémas de perception et d'action communs 53

Chapitre 1 Illusions d'optique - *Les errances de la pensée* 57
1.1 Oscillations
1.2 Superpositions
1.3 Interférences
1.4 Intrication, non localité, ubiquité
1.5 Incertitude
1.6 Une mesure change le milieu
Remarque sur le chapitre 1 – *Essai sur les caractéristiques des schémas quantiques* 69

Chapitre 2 Arts - *Les hymnes à la vie* 71
Mêmes sous-chapitres
Remarque sur le chapitre 2 – *L'interdépendance des qualifications* 86

Chapitre 3 Physique - *L'exploration de la matière* 87
Mêmes sous-chapitres
Remarque sur le chapitre 3 - *Le double aspect de la matière* 95

Chapitre 4 Psychologie - *L'équilibre des activités mentales* 97
Mêmes sous-chapitres
Remarque sur le chapitre 4 - *L'approche logique et émotionnelle* .. 105

Chapitre 5 Sociologie - *La cohérence d'un groupe* 107
Mêmes sous-chapitres
Remarque sur le chapitre 5 - *Les choses sont ainsi* 115

Chapitre 6 Sciences du vivant - *L'histoire des prédateurs* 117
Mêmes sous-chapitres
Remarque sur le chapitre 6 - *L'approche expérimentale* 126

Chapitre 7 Mythologies - *Retrouver ses parents* 127
Mêmes sous-chapitres
Remarque sur le chapitre 7 – *Intrications entre mythes et pouvoirs* 132

Remarques sur la IIème partie
Les liens entre les domaines de pensée 135

Epilogue *De nouveaux champs de recherche* 137
1 - Mise en avant d'un nouveau type de pensée non rationnelle 137
2 – Variété des types de pensées non rationnelles 138
3 – La nature physico chimique de la pensée 140
4 – Une perspective de pensées fécondes 141

Annexes 145
Annexe I Les cercles concentriques 147
Annexe II Les barres de touches noires et blanches 151
Annexe III. L'expérience de Gazzaniga 153
Annexe IV Poésie chuchotée à l'oreille 155
Annexe V Pensée, décision, conscience, aspects chimiques 157
Annexe VI. La raffinerie de Felleman 165

Pour aller plus loin 169

Table des illustrations 178

Index 181

Introduction
Comprendre le monde

Même si nous sommes censés, par notre éducation traditionnelle, nous comporter autrement, nous observons dans nos pensées des hésitations, des oscillations entre des vues diverses, des superpositions de sentiments, des interférences de messages multiples, des intrications d'influences, des incertitudes de variables observées, une non localité des situations, de même que des intentions et des actions hors de toute logique.
Ces schémas mentaux de perception et d'action ont acquis une certaine célébrité par leur utilisation au XXe siècle en microphysique dite « quantique » en permettant un développement technologique extraordinaire avec les semi-conducteurs, les lasers et l'appareillage électronique. Le terme de « quantique » vient de « quantum » qui est la plus petite quantité indivisible d'énergie, comme le pressentait Démocrite au Ve siècle avant notre ère.

Cependant nous remarquons la présence de ces mêmes schémas de perception et d'action à chaque fois que nous voulons comprendre la complexité des milieux dans lesquels nous sommes immergés tous les jours et dont nous faisons partie, par exemple en illusions d'optique, art, physique, psychologie, sociologie, sciences du vivant, mythologies. La seconde partie comporte à cet effet sept chapitres recouvrant les sept domaines de pensée en question.

Remarquons maintenant que nos perceptions sont complexes.
Lorsqu'on vous présente une carte des vins, vous choisissez un nom pour avoir un vin qui accompagne votre repas. Vous avez déjà une idée du vin que vous recherchez avant d'y avoir goûté. Vous avez même peut-être choisi un millésime si vous êtes connaisseur. Vous avez déjà une idée du bouquet de parfums et de saveurs, de la puissance de ce qui sera dans votre verre. Mais si vous goûtez à l'aveugle, c'est-à-dire avec

un masque qui vous prive de la possibilité de voir s'il s'agit d'un vin blanc ou rouge, ou de la forme de la bouteille, vous risquez bien des erreurs d'appréciation. Ainsi nous voyons que, pour nombre d'entre nous, le goût du vin est une notion multisensorielle. Nos sens ne travaillent en effet jamais seuls. Ils utilisent des données sur le mouvement et puisent dans notre mémoire des événements de toutes sortes.

Ainsi, pour représenter les choses, nous utilisons des images ou des dispositions stockées dans notre passé.

Les *images* sont le plus couramment des images mécaniques simples, telles une balance ou une roue. Mais elles peuvent également correspondre à des concepts abstraits, tels Zeus ou Shiva, à l'image que nous nous faisons de nous-mêmes, aux quatre dimensions, ou à la loi des probabilités.

Les *dispositions* sont des règles simples, des petits scénarios, des petites vidéos inconscientes, des gestes de l'apprentissage qui nous guident dans le déroulement de l'action.

Le scientifique, comme le philosophe ou le poète, utilisent pour représenter les choses, la formule magique « *Tout se passe comme si* ».

C'est alors que l'on peut aussi utiliser les notions d'oscillations, superpositions, interférences, intrication, non localité, incertitude, tout en étant conscient qu'une mesure modifie le milieu étudié.

Ces notions courantes sont celles qui correspondent à ce que nous appelons la pensée quantique.

Nous partirons à la recherche de ces notions, très communément utilisées ou bien sous-jacentes à nos disciplines courantes. Nous pourrons alors préciser certains schémas de perception et d'action de nos pensées.

Ainsi l'anthropomorphisme est un exemple de schéma mental qui sous-tend nos pensées au quotidien. L'anthropomorphisme consiste à attribuer un comportement humain aux manifestations de la nature, de la matière, d'un végétal ou d'un animal.

Nous disons couramment : la tempête se déchaîne, certaines bactéries nous agressent, les circonstances nous sourient.

Mais nous devinons qu'il existe probablement d'autres schémas inconscients des traitements de l'information perçue.

Ce livre nous fait aborder les illusions d'optique puis nous conduit vers d'autres domaines des sciences et des arts.
Nous observons en effet dans nos pensées des *oscillations* qui nous font hésiter entre des vues diverses et contradictoires, des *superpositions* d'états de conscience ou de sentiments paradoxaux, des *interférences* de messages de natures multiples, des *intrications* d'influences, des *incertitudes* de variables observées, une *non localité* des événements. Notre conscience et notre attention se manifestent de façon capricieuse et nous conduisent à des actions inattendues et imprévisibles.

Nous avons pris l'habitude au XXe siècle d'attribuer ces phénomènes dits « quantiques » au domaine de la physique subatomique. Mais nous remarquons ces mêmes phénomènes dans tous les domaines de pensée. Nos découvertes en physique subatomique ne feraient alors que révéler les schémas inconscients du traitement de nos perceptions, ceux d'une « pensée quantique », faite de petites séquences de films, d'images mécaniques simples, de tableaux, de cartes, de dispositions sous-tendant nos perceptions et nos actions, ou de concepts abstraits mémorisés au cours de nos émotions, dans une collection d'éléments disjoints pour lesquels nos théoriciens s'efforcent à posteriori de trouver un fil rouge de cohérence.
Compte tenu de notre histoire culturelle il en résulte une combinaison rationnelle et sensible d'explication du monde.

Seule la combinaison de la pensée rationnelle, qui conduit à des conclusions, et de la pensée sensible, qui conduit à des intuitions, nous a permis les succès des sciences d'aujourd'hui.
Nous ne savons pas pour autant laquelle de ces deux pensées est la plus fantaisiste.
Cependant cette combinaison nous a offert la merveilleuse pensée quantique, mais aussi les innombrables approches originales que nous observons dans tous les domaines de recherche.
C'est la rencontre d'images inattendues de différentes natures et dans différents domaines qui nous permettent de découvrir, de comprendre et de dire comme Archimède(-287, -212) « J'ai trouvé ».

Voyons maintenant de plus près notre monde quotidien à l'aide de cette approche.
Le lecteur pourra lire dans la seconde partie les chapitres qui l'intéressent, sans être empêché pour autant d'aborder directement l'Epilogue. Les différents exemples ont en effet simplement pour but de montrer que les schémas de perception et d'action évoqués nous sont familiers dans tous les domaines de la pensée et du savoir qui se révèlent moins étrangers les uns aux autres qu'il n'y paraît.

Ière PARTIE

Nos processus mentaux

Introduction. Une erreur judiciaire

Nous croyons communément ce que nous voyons, entendons, sentons, ou touchons, pour nous permettre de décrire le monde réel qui nous entoure. Nous témoignons de la vérité en disant « Je l'ai vu, entendu, touché, senti ». Telle est la réalité reconnue objective et irréfutable.

Les journaux en quête d'informations sérieuses envoient sur place leurs journalistes afin de rapporter la réalité du terrain. Les tribunaux font appel à des témoins oculaires qui apportent des faits qui permettront de reconstituer le fil des événements, de ce qui s'est physiquement passé, déduisant de cela les intentions des protagonistes.

Après un attentat que personne n'a su voir venir, on recherche des témoins et des indices, témoins oculaires ou témoignages de vidéo surveillance.
Nous considérons alors notre cerveau comme un enregistreur de la réalité qui fonctionnerait comme une caméra de surveillance qui enregistre, stocke et restitue les informations sur commande.

Mais la Justice a retenu la leçon de ce qui est devenu la fameuse affaire du courrier de Lyon qui fut marquée par de malheureux témoignages qui se sont révélés inexacts. L'affaire du courrier de Lyon est une affaire criminelle française survenue à l'époque du Directoire dans la nuit du 27 au 28 avril 1796.
La malle-poste qui va de Paris à Lyon est attaquée, dans le département de Seine-et-Marne. Au petit matin du 28 avril 1796, la malle-poste, diligence tirée par trois chevaux, est découverte abandonnée et pillée. Monsieur Audebert, le postillon, et Monsieur Excoffon, le convoyeur chargé de la sécurité du transport, ont été assassinés : le premier a eu le crâne défoncé à coups de sabre et le second le corps percé de trois coups de poignard. Le contenu de la malle-poste, 80 000 livres en monnaie et 7 millions de livres sous forme d'assignats, destinés à la solde des

armées d'Italie, est volé. Un mystérieux troisième passager a disparu sans laisser de traces.
Les gendarmes ratissent la zone du crime : ils trouvent comme indices matériels six caisses de bois blanc éventrées et vidées de leurs assignats, un éperon argenté réparé avec une ficelle, vraisemblablement perdu par l'un des agresseurs, et une partie du sabre ensanglanté et brisé par la violence du coup porté au convoyeur. Deux des trois chevaux sont attachés à un arbre, et le troisième a disparu. Les enquêteurs retrouvent par la suite le fourreau du sabre, et le cheval, identifié grâce à la selle du postillon, errant dans Paris : ils en déduisent que le cheval a été utilisé par le troisième passager, et que ce dernier est le complice des agresseurs.
Au cours de l'enquête, des témoins sur le parcours emprunté par le Paris-Lyon confirment la présence de cavaliers aux différentes heures correspondant au trajet. Les cavaliers seraient remontés sur Paris, et l'un d'eux porte un éperon argenté réparé avec une ficelle. Interrogé, un loueur de chevaux indique que l'un des cavaliers serait un dénommé Couriol. Six hommes sont rapidement appréhendés : Couriol, Guénot, Richard, Bruer, Bernard et Lesurques.
Étienne Couriol, représentant de commerce, parti à Troyes pour des raisons commerciales, est retrouvé par les différents relais de poste. Il est arrêté avec sa maîtresse à Château-Thierry. Il cherchait probablement à brouiller les pistes. On découvre un cinquième du butin dans sa voiture.
Richard, apprenti bijoutier et receleur connu de la police, chez qui Couriol s'est réfugié le lendemain du crime et qui se trouve être également une connaissance d'un certain Guénot, est en fait le premier à être arrêté, les enquêteurs étant parvenus à suivre la trace de Couriol. C'est lui qui devait écouler discrètement le butin et qui a probablement recruté l'équipe des agresseurs.
Guénot, originaire de Douai et logeant chez Richard, venu récupérer chez le juge d'instruction Daubanton des papiers saisis à Saint-Quentin, est appréhendé peu après en compagnie de son camarade Joseph Lesurques. Ce dernier déclare qu'il l'aurait accompagné alors qu'ils venaient de retrouver son ami d'enfance Guénot le jour même sur le Pont-Neuf. Ils sont formellement reconnus par deux servantes convoquées comme témoins de l'affaire et attendant dans la même antichambre que les deux hommes. Elles disent les avoir vus dans un restaurant le soir du braquage.

À l'issue du procès, Couriol, Bernard, Richard et Lesurques sont déclarés coupables. Lesurques est donc guillotiné le 3 octobre 1796, comme ses complices.
Couriol déclare tardivement, après le verdict, que Lesurques est totalement étranger à l'affaire et qu'il se trouve victime d'une ressemblance malencontreuse avec le véritable complice des voleurs assassins, toujours en fuite. Couriol réaffirme ses dires jusque sur l'échafaud.
Plus tard, on arrête en 1800 un nommé Dubosq, bijoutier désigné par Couriol alors en prison comme un de ses complices. Ce Dubosq, qui présente selon les témoins de l'époque une ressemblance avec Joseph Lesurques, aurait porté lors de l'attaque une perruque blonde de la même couleur que celle des cheveux de Lesurques. Pendant son procès, Dubosq nie toute participation mais confirme sur l'échafaud l'innocence de Lesurques avant d'être guillotiné.
Une servante se rétracte et désigne Dubosq à la place de Lesurques, alors qu'elle avait auparavant formellement reconnu Lesurques condamné et guillotiné du fait de son premier témoignage.
Au total deux témoins Couriol et Dubosq condamnés témoignent sur l'échafaud de l'innocence de Lesurques, et une servante s'est rétractée en identifiant Dubosq à la place de Lesurques.

Ce procès est devenu le symbole de l'erreur judiciaire avec cette question : quelle fiabilité peut-on accorder à un témoignage ?

Notre œil en effet n'est pas un appareil de photo, notre oreille n'est pas un simple microphone, notre nez un simple capteur de substances chimiques, notre main un simple capteur tactile. Notre mémoire n'est pas une simple boîte à stocker les informations captées par nos sens. Sinon il n'existerait pas d'illusions.

C'est pourquoi nous tenterons d'approcher simplement les processus ingénieux de nos sens, de notre mémoire, de notre attention et de notre conscience. Nous rappellerons que notre perception est multisensorielle.

De plus nous savons que notre logique est souvent incohérente et n'est qu'exceptionnellement binaire.

Se pose alors la question de savoir suivant quels schémas nous fonctionnons.

Chapitre 1

La multiplicité des illusions

Remarquons d'abord que nous sommes victimes d'illusions de toutes sortes, dès que notre cerveau doit traiter les données apportées par nos sens.
Une illusion est une impression qui ne peut être corroborée par des faits.
Les illusions peuvent être provoquées non seulement par nos multiples sens qui nous permettent d'aborder des objets concrets, mais aussi par des concepts abstraits stockés par notre cerveau en mémoire, ainsi que par notre cerveau dit gauche qui ne cesse d'imaginer des scénarios à partir des sensations de notre cerveau dit droit.

Nous pouvons avoir des illusions à propos de faits concrets ou d'objets physiques soumis aux traitements de nos capteurs et de notre cerveau.

1.2 Des sensations presque concrètes

Nos sensations concrètes sont multiples et sujettes à interprétations.
L'eau tiède après l'eau chaude me semble froide.
J'ai la sensation d'avoir les mains mouillées en faisant la vaisselle alors que je porte des gants.
Mon train démarre alors que c'est le train voisin qui part dans l'autre sens.
Dans le brouillard, les voitures me semblent éloignées alors qu'elles sont toutes proches.
Vous sentez la route alors que vous êtes en automobile.
La nuit, sur une autoroute éclairée par les lampadaires au néon, les roues des voitures que vous dépassez semblent tourner à l'envers : vous vous souvenez alors des roues des diligences au cinéma qui tournent également à l'envers, et vous en déduisez que cette illusion est due à l'éclairage discontinu des lampadaires au néon.

À l'horizon, une Lune pleine paraît deux fois plus grosse qu'en plein ciel. Pourtant la distance de la Terre à la Lune est constante, et la Lune n'est pas grossie par un phénomène optique. En fait notre système visuel juge la Lune à l'horizon en tenant compte des éléments du paysage qui constitue l'horizon.
Deux avions se déplacent à la même vitesse, le plus éloigné semble voler plus lentement.
Par temps ensoleillé mon ombre me suit.
Le soleil et les étoiles semblent immobiles.
Sur un navire en mouvement, quand je suis sur le pont je sens le navire en mouvement, quand je suis dans ma cabine c'est le paysage qui défile.
Dans un grand temple, nous voyons le plancher monter légèrement et le plafond descendre.
J'aperçois sur un ciel d'orage un arc-en-ciel qui se déplace avec moi.
Si j'approche d'une tache verte une tache jaune orange, la tache verte devient plus bleue et la tache orange devient plus rouge.
Sur une route surchauffée par le soleil je vois une flaque d'eau.
Au bord d'un lac je vois la surface de l'eau comme un plan incliné.
Du haut d'une dune, je vois le plan de la mer vertical.
Quand je dessine un segment de droite horizontal, il parait plus long si je le dessine vertical.
Un carré dont les côtés sont horizontaux et verticaux parait plus grand quand je le tourne de 45 degrés.
Quand j'attends le temps me semble long, parfois interminable, au contraire dans l'action je ne vois pas le temps passer, dans la transe et dans l'hypnose je ne vois pas non plus le temps passer.
Je sens le temps lourd ou léger comme je sens la température ou la pression atmosphérique.
Mais je peux aussi sentir une forte douleur à mon pied alors que ma jambe a été amputée. Les neurones qui conduisent à mon pied ont été écrasés ou sectionnés et leurs blessures continuent d'émettre des signaux vers mon cerveau.

L'illusion n'est donc pas l'exception mais bien une norme. Nous vivons dans une perception visuelle illusoire qui résulte de la reconstruction par le cerveau de la scène qui est devant nous. Nous verrons que de très nombreuses régions du cerveau, engageant tous nos sens ainsi que toute notre mémoire, concourent à la construction de cette scène.

1.2 Des concepts abstraits

Des concepts abstraits sont aussi à la source d'illusions.

La solution est dans la Bible en pays judéo chrétiens, dans Shiva en Inde, dans Confucius en Chine, dans le Coran en pays arabo musulman, dans la Science chez les chercheurs du monde entier.

Bien que ces concepts soient très différents les uns des autres, regardés avec des distanciations très différentes, ils constituent des réductions de notre perception du monde et sont la source d'incomplétudes qui conduisent fatalement à des illusions.

Chaque civilisation souffre de ses incomplétudes et profite au contraire des incomplétudes des autres dans la compétition mondiale.
L'occident a pris un temps l'avantage sur la Chine dont le pragmatisme et la versatilité met à son tour en danger l'Occident.

Comment notre cerveau fonctionne-t-il aussi bien avec des images mentales correspondant à des concepts abstraits qu'à des objets concrets ?
Il a bien fallu qu'avant d'utiliser ces images mentales le cerveau les mémorise et auparavant les fabrique, comme c'est le cas indéniable pour les concepts, qui n'existent pas physiquement.
Mais nous avons aussi fabriqué des images mentales qui correspondent à des objets concrets que nous mémorisons. En effet pour un objet concret trivial il nous arrive de dire « Je ne me souvenais pas que sa cravate était de cette couleur », ou bien d'une personne que l'on a vu souvent « Je n'avais pas vu que le profil de son menton était celui-là ».
J'avais donc construit pour ces objets concrets, pour mon usage, des objets mentaux qui ne correspondaient pas à la réalité physique que j'ai eue sous les yeux.

Nous allons observer quelques-uns de nos neurones pour constater qu'ils ne sont pas assimilables aux pixels élémentaires qui tapissent une pellicule photographique numérique pour reproduire la réalité physique brute.

Nous devinons que notre perception n'est pas forcément simple, mais au contraire composite.

Il ne faut en effet pas oublier que l'évolution nous a permis d'anticiper et donc de survivre et que de ce fait les mécanismes en jeu, mentaux et sensibles, ne peuvent se contenter de reproduire ce que nous avons sous les yeux ou à portée de nos sens.

Chapitre 2
Des neurones étonnants

Le neurone de base habituellement documenté ressemble à un noyau entouré de branches portant de nombreuses ramifications.

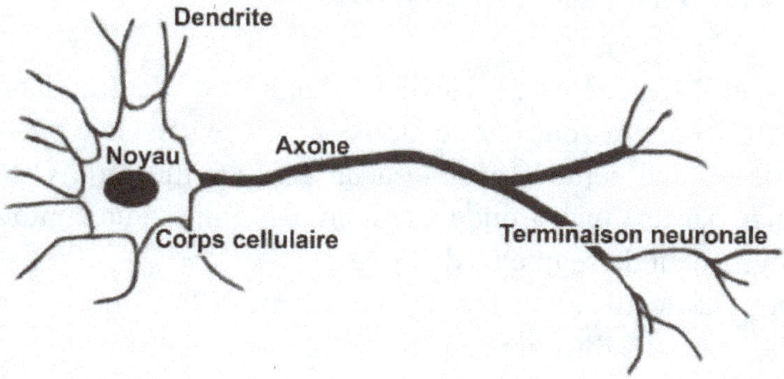

Chaque ramification porte de nombreux « crochets » que l'on appelle les « synapses » qui signifie en grec ancien « extrémité qui saisit » et qui permet donc par des moyens électriques ou chimiques de communiquer avec d'autres neurones. On voit donc qu'un neurone seul n'existe pas et que nous avons toujours à faire à des assemblées de neurones connectées entre elles à la façon de circuits plus ou moins complexes d'automatismes ou d'informatique.
La forme d'un neurone est variable suivant l'endroit où il se trouve dans le cerveau. De plus la réalité vivante d'un ensemble de neurones lui permet de s'adapter à son environnement. L'intendance qui entoure un neurone est complexe car il faut que les neurones soient nourris et défendus contre les agressions.

Ce qui va nous intéresser dans notre recherche sont des assemblées de neurones particulières, car elles sont identifiées depuis peu et il n'est pas impossible que d'autres structures se fassent remarquer par les neurologues au cours de nouvelles recherches.

Examinons quelques neurones intéressants comme les neurones de Peterhans, les neurones grand-mère, les neurones miroirs, les neurones dopaminergiques et les neurones multimodaux du sillon intrapariétal. Ils nous aideront à comprendre d'où viennent les bizarreries de notre perception.

2.1 Les neurones de Peterhans

Ester Peterhans et Rüdiger Von der Heydt de l'Université de Zurich ont découvert en 1991 dans la zone V2 de la vision, située dans le cerveau occipital du singe, une cellule sensible à un contour illusoire. Cette cellule contactée par une microsonde réagit en particulier à un contour défini par l'alignement de segments de ligne.
Ces chercheurs ont décrit des neurones de la zone V2 qui répondent aussi bien à des contours illusoires que des contours réels.

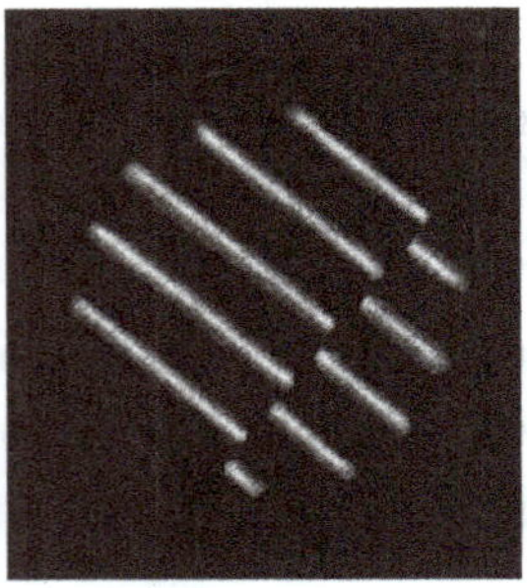

Un tel neurone, appartient en fait à un réseau de neurones. Un neurone ne vit pas seul mais interconnecté à des milliers d'autres du fait de sa structure arborescente, de ses branches et de leurs extrémités dites synapses, recevant de multiples informations d'autres neurones.

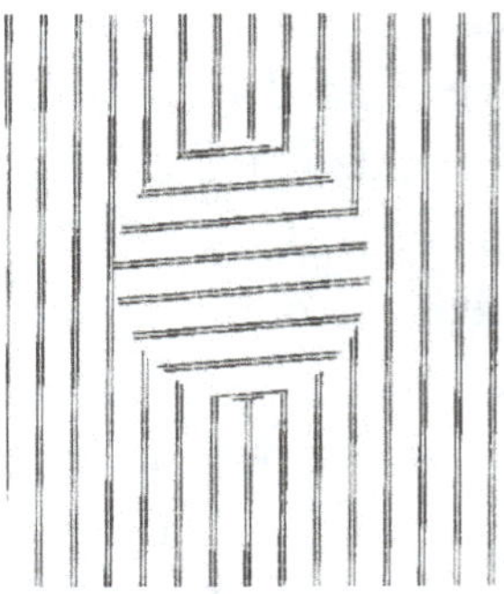

Le phénomène du trait virtuel est pourtant courant, mais nous n'y prêtons pas attention au quotidien.
Notre cerveau construit des traits qui n'ont jamais été dessinés et cette propriété est utilisée en dessin avec la technique de La Lumière Neutre qui est pratiquée pour représenter des danseurs en train de danser.
La Lumière Neutre, X Bolot, L'Harmattan.2009, page 131.

2.2 Les neurones « grand-mère »

Ces neurones offrent une propriété très différente de celle des neurones de Peterhans. Ils sont capables de réagir à un concept abstrait complexe. Un tel neurone ne s'active qu'à un concept précis et à nul autre. Un tel neurone ne s'active que si vous voyez, par exemple, votre grand-mère et reste inactif lorsque vous rencontrez une autre personne ou que vous pensez à une autre personne que votre grand-mère.
C'est en 2011 à l'Université de Californie à Los Angeles que Gabriel Krieman, doctorant auprès du chirurgien Itzhak Fried dans le laboratoire de Christof Koch, a découvert un tel neurone, qu'il a baptisé « grand-mère », dans l'amygdale d'un patient. Ce neurone réagissait en fait à différentes photos du Président Bill Clinton, qu'il soit pris de face, de profil, seul ou dans un groupe, ou à un dessin à main levée du Président Clinton.

Un neurone « grand-mère » fait penser au jeu de devinette du « portrait ». Ce jeu consiste à deviner pour les joueurs qui est la personne à laquelle l'un d'eux, le « Gardien du secret » pense.
Le gardien doit répondre aux questions mais ne peut répondre que par oui ou par non à l'exactitude des suggestions que les joueurs attribuent à la mystérieuse personne.
Si l'on veut représenter graphiquement le concept il faut écrire au centre d'une feuille le concept et le relier à tous les qualificatifs, circonstances, lieux, dates, images, scénario, odeurs, musique, etc. qui sont évoqués pour le mystérieux personnage et que l'on réparti sur la feuille.
La feuille présente alors le schéma fonctionnel du réseau de neurones des attributs qui vont exciter le même neurone central qui représente le concept abstrait.

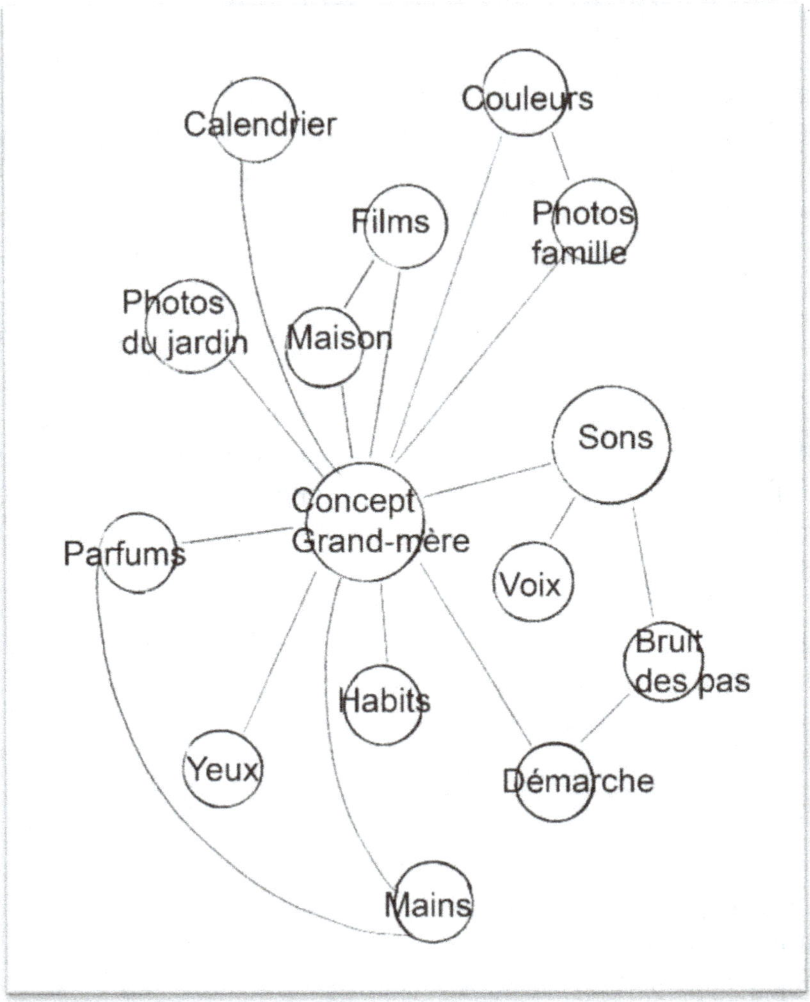

Schéma fonctionnel d'un neurone grand-mère avec son réseau de neurones informateurs sur la grand-mère.

La liste des neurones du réseau peut être bien plus importante. Les liaisons entre les neurones du réseau grand-mère peuvent être multiples et les liaisons avec des neurones d'autres réseaux permettent l'influence d'une zone du cerveau sur l'autre.

Les liaisons sont stabilisées par le gène Zif268 au niveau des jonctions synaptiques au moment de la mémorisation d'un événement déclenché par une émotion ou sous l'effet d'un apprentissage.

Ainsi ma perception peut être complexe. Lorsque je vois la photo de ma grand-mère, je sais qu'elle représente ma grand-mère, qui n'est plus de ce monde, mais aussi qu'elle m'évoque une quantité d'impressions concrètes mémorisées, qui me permettront de savoir qu'il s'agit d'elle, au souvenir de son pas, de sa voix, et que je la reconnaitrai aussi sur une autre photo et dans d'autres circonstances. Le concept abstrait sera évoqué par la superposition de quelques-unes de ces caractéristiques.

Les neurones grand-mère, mais aussi les neurones miroirs, permettent d'anticiper, de deviner qui est là et d'agir. L'anticipation permet l'action de survie, celle qui écarte le danger, celle qui permet d'être prêt à affronter l'environnement compte tenu des expériences mémorisées. Nous allons donc voir maintenant d'autres neurones encore plus engagés dans l'anticipation et l'action.

2.3 Les neurones miroirs

Cette catégorie de neurones présente une activité multimodale.
Il vous est arrivé d'avoir l'impression de sentir sur votre joue un moustique alors que celui-ci ne s'y est pas posé. Vous avez redouté, le son se rapprochant, que l'insecte vous pique, aussi votre main n'a-t-elle pas tardé à le chasser de la zone de l'espace que votre joue surveille.

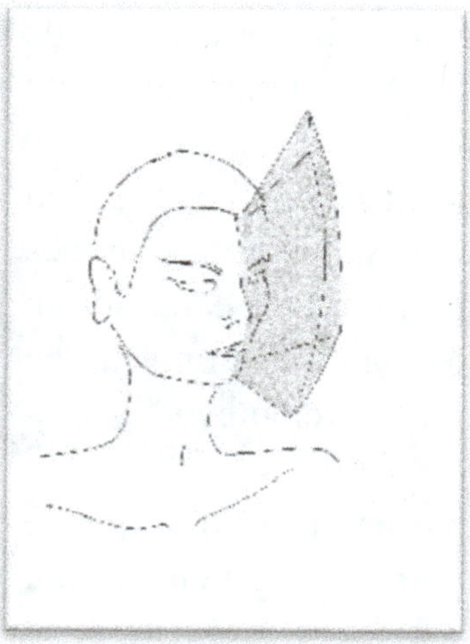

Ainsi certains neurones de la joue du visage sont actifs quand on touche la joue de votre visage mais aussi lors que vous voyez ou entendez un insecte s'approcher de votre joue.

Adapté de Rizzolatti, Les Neurones Miroirs.

D'autres neurones du cortex prémoteur sont actifs lorsque l'individu exécute une action ou lorsqu'il observe un autre

individu préparer ou exécuter la même action, ou lorsqu'il imagine une telle action, d'où le terme « miroir ».
Chaque neurone miroir est sélectif ne répondant qu'à un seul type d'action. Par exemple, un neurone sensible à un mouvement de préhension de la main ne réagira pas si le sujet effectue une extension des doigts ou si cette extension des doigts est effectuée par un autre individu.
On voit que ces neurones comme les précédents jouent un rôle dans l'anticipation des intentions de l'autre.

Mais ils permettent aussi l'apprentissage par imitation, de même que l'empathie, c'est-à-dire la vie en groupe et les processus affectifs, la compréhension d'autrui, le désir mimétique, en un mot la cognition sociale, depuis le langage jusqu'à l'art.

On s'explique ainsi également la contagion émotionnelle manifeste dans les effets de masse tels que l'effervescence d'une foule dans un stade de football.

C'est dans les années 1990 que Giacomo Rizzolatti, directeur du département de neurosciences de la Faculté de Médecine de Parme, a mis en évidence ces neurones chez le singe. Ils ont d'abord été observés dans le cortex prémoteur ventral du singe macaque rhésus, aire F5, mais aussi, par la suite, dans la partie rostrale du lobule pariétal inférieur. Ce type de neurones a également été trouvé chez certains oiseaux où ils sont activés à la fois lors du chant et lorsque l'animal écoute un congénère chantant.
C'est en 2010 que Christian Keysers et Valeria Gazzola du Netherland Institute of Neurosciences, ont mis en évidence l'existence de neurones miroirs chez l'homme dans plusieurs régions du cortex cérébral, en particulier autour de l'aire de Broca (aire du langage) et au niveau du cortex pariétal inférieur, dans les cortex moteurs et prémoteurs.

Les neurones miroirs nous donnent l'impression qu'une plante carnivore, qui se refermera pour attraper une proie, est un être vivant comparable à un animal.

2.4 Les neurones dopaminergiques

Ces neurones vous sont familiers car ils concernent votre circuit de la récompense.
Ainsi, lorsque vous voyez un mets qui vous plait, vous avez faim, l'eau même peut vous venir à la bouche. Vous vous régalez d'avance. Vous avez anticipé le moment qui va suivre.

En 1889 Ivan Petrovitch Pavlov a mis en évidence le réflexe dit de Pavlov. Un chien avait pris l'habitude de prendre la nourriture qui lui était apporté lorsque qu'une sonnerie retentissait. Pavlov a constaté que le chien salivait lorsqu'il entendait la sonnerie même si la nourriture n'apparaissait pas. Le chien salivait également dès l'instant où on le conduisait dans le couloir conduisant à la chambre dans laquelle la nourriture était habituellement servie.

Les neurones dopaminergiques sont ainsi nommés car ils consomment une grande quantité de dopamine, lequel est un messager chimique (dit neuromédiateur) qui a un rôle essentiel dans la motivation alors que les opioïdes ont un rôle essentiel dans la satisfaction. Ces neurones sont à l'affut du moindre indice anticipant une récompense.

Le circuit de la récompense fait partie du cerveau limbique qui est le cerveau mammifère des émotions et de la mémoire. Il comprend essentiellement l'aire tegmentale ventrale, qui contient des neurones à dopamine, et le noyau accumbens où ils se projettent.
L'aire tegmentale ventrale reçoit de plusieurs autres régions du cerveau des informations sur le niveau de satisfaction de nos besoins fondamentaux et transmet cette information au noyau accumbens.
Il s'agit donc d'un circuit complexe mais aussi vital.

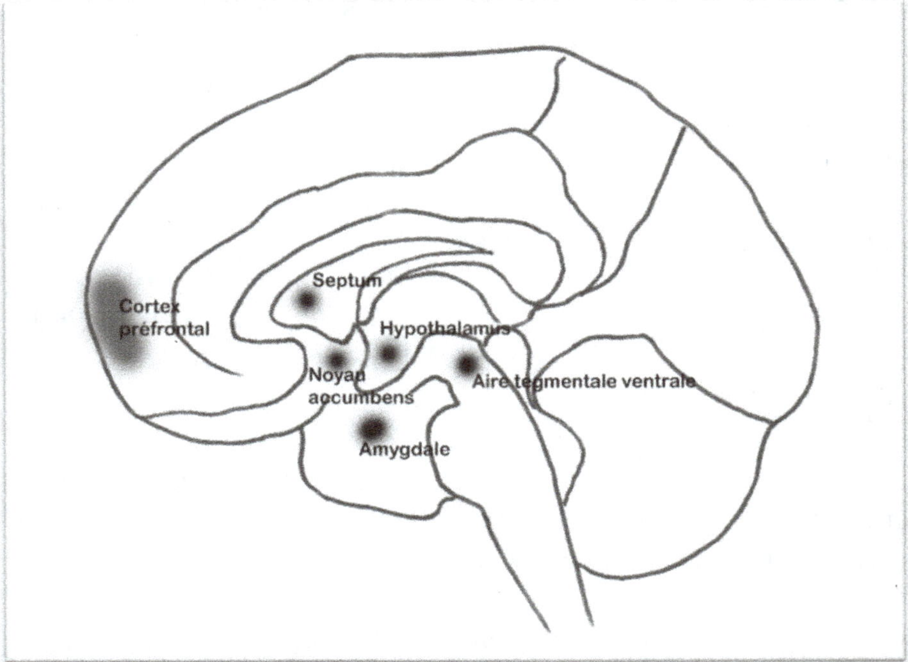

À l'arrivée d'un signal annonçant une récompense, après traitement sensoriel par le cortex, l'aire tegmentale ventrale (ATV), est activée et libère de la dopamine dans le noyau accumbens mais aussi dans le septum, l'amygdale et le cortex préfrontal. Le noyau accumbens intervient alors dans l'activation motrice de l'animal et le cortex préfrontal dans la focalisation de l'attention. Le septum joue un rôle dans l'attirance l'appétit et la satisfaction. L'amygdale, en cas de danger, déclenche des réactions de défense.

En effet pour qu'une espèce survive, les individus doivent en premier lieu assurer leurs fonctions vitales comme se nourrir, réagir à une agression et se reproduire.
L'évolution a donc mis en place dans notre cerveau des régions et circuits dont le rôle est de récompenser l'exécution de ces fonctions vitales par une sensation agréable et inversement par des sensations d'insatisfaction quand ces fonctions vitales ne sont pas remplies.
Le bon état physiologique génère une information de satisfaction dans notre cerveau limbique. Ces informations permettent de déclencher et de réguler les actions de survie de l'animal.

2.5 Les neurones du sillon intrapariétal.

Ces neurones fonctionnent parmi des réseaux chargés de représenter des cartes de l'espace à partir des informations provenant des rétines de mes yeux.
Ces cartes sont construites par rapport à mes yeux et la direction de mon regard, par rapport à ma bouche ou à mon nez, pour permettre à ma main d'attraper un objet dans mon champ visuel s'il est à portée de ma main. Il existe une très grande quantité de cartes qui sont toutes situées dans le sillon intrapariétal et reliées entre elles.

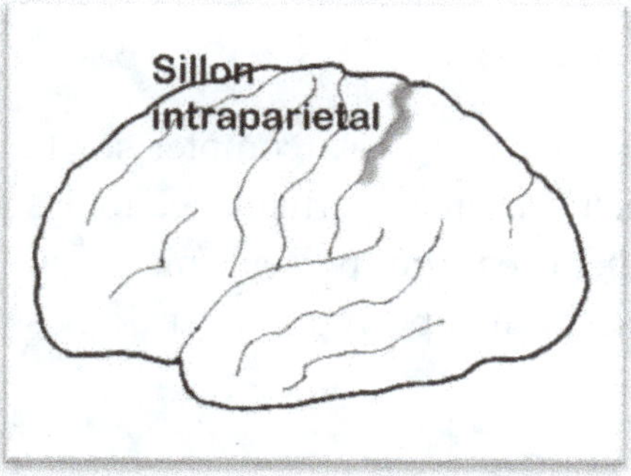

Ces cartes sont reliées directement aux zones du cortex moteur voisin responsable du mouvement de mes yeux.

De plus, dans ce sillon, de nombreux neurones réagissent non seulement aux stimulations visuelles mais aussi tactiles, auditives, ou vestibulaires, pourvu qu'elles viennent de la même région de l'espace. Ces neurones sont, par exemple, autant sensibles à une sensation tactile sur l'épaule, qu'à un objet se dirigeant vers l'épaule ou un son provenant de cette région.

On a donc ici une fonction assurée par un ensemble imposant de réseaux de neurones, celle de la surveillance de l'espace destinée à permettre de saisir efficacement et immédiatement des objets proches.
Cette zone concerne donc l'orientation de l'attention. On voit aussi par cet exemple que la perception est étroitement liée à l'action.

Au terme de cette brève description de quelques-uns des types de neurones qui interviennent dans notre perception, on comprend que les informations auxquelles réagissent nos neurones puissent être plurielles et qu'il faudra donc que notre cerveau fasse des choix de perception pour savoir qu'elle action engager dans l'intérêt de sa survie.
Ces cinq types de neurones correspondent en fait à des systèmes de neurones qui sont des unités de calcul adaptées aux besoins du corps.
Ces systèmes existent par centaines de millions dans notre cerveau.
Ils ont un rôle déterminant dans la perception, notre décision d'identification d'un objet, et notre action. Nous en verrons des exemples concrets dans différents domaines de nos pensées et de nos savoirs.

Mais, pour décrire notre fonctionnement, il faut aussi compter sur la présence de notre mémoire qui met à disposition en permanence toutes sortes d'événements qui n'appartiennent pas au présent mais qui peuvent être utiles ou encombrants lors de nos perceptions et de nos actions.

Chapitre 3
La mémoire créatrice

Nous filtrons l'information par notre attention. Notre système œil-cerveau transforme les données perçues. Nous ajoutons des informations lors de la mise en mémoire. Lors de la restitution nous transformons l'information stockée.

3.1 L'attention et la perception

Notre attention peut être plus ou moins distraite. Donnons-en quelques exemples.
En 1999, deux chercheurs américains en psychologie, Christopher Chabris et Daniel Simons, de Harvard University, ont réalisé une expérience devenue célèbre et pour laquelle ils ont reçu un Prix Nobel en 2004 « pour avoir réussi d'abord à faire rire les gens et ensuite à les faire réfléchir ». Ils ont filmé deux équipes de basket qui se faisaient des passes. Ils ont alors montré la vidéo à des spectateurs en leur demandant de compter les passes reçues par l'une des deux équipes.
Il n'y avait pas de problème particulier à compter des passes.
Cependant, pendant la partie, on voit sur la vidéo un personnage déguisé en gorille qui traverse la scène en dansant.
Or, à la fin de l'exercice de comptage des passes, la moitié des spectateurs n'avaient pas remarqué le gorille. Leurs esprits étaient totalement absorbés par le comptage du nombre de passes. Autrement dit, leur attention était focalisée sur le comptage des passes et les empêchait de voir autre chose.

On peut interpréter ce résultat en disant que le gorille n'avait rien à faire là et que, pour la moitié des spectateurs, le paysage présupposé de l'équipe de basket tout au long de l'épreuve n'avait pas à tenir compte d'une telle incongruité. Cette incongruité est un bruit de fond qu'un cerveau actif, à la poursuite de son objectif, se doit de gommer du paysage. Autrement dit, la moitié des spectateurs ne regardaient pas la scène, mais uniquement les mains qui recevaient les passes.

Imaginez qu'au cours de ce match final d'un championnat de basket, un clown déguisé en gorille vienne traverser le terrain de jeu en dansant. Il se serait fait tout simplement sortir du terrain par les spectateurs qui ne sont pas venus pour voir cela.

Autre exemple, on a observé en salle de simulation un phénomène analogue pour les pilotes de lignes de Boeing 727 qui, pour 20% d'entre eux, quoique très expérimentés, ne voyaient pas à l'atterrissage l'image soudaine d'un chameau traversant la piste.

La présence d'un chameau sur une piste d'atterrissage est tellement invraisemblable qu'elle pourrait relever d'une plaisanterie ou d'une illusion. Il n'est alors pas anormal que le cerveau gomme une telle apparition si l'attention du pilote est attirée par une autre tâche ou perd de l'intensité pour des raisons externes ou physico chimiques internes.

Un autre exemple est un gag de *La Caméra Cachée,* présenté à la télévision française dans les années 70, qui est celui qui consiste à demander à un bavard imbu de ses idées politiques de convaincre un badaud incrédule. Lorsque le bavard est lancé dans sa harangue, deux ouvriers portant une très longue planche passent sur le trottoir entre l'incrédule et le bavard convaincu. L'incrédule en profite pour disparaître et se faire remplacer par un autre badaud, ce qui provoque l'hilarité des spectateurs de la télévision.
En effet, de toute évidence, le bavard convaincu continue sa harangue sans prêter attention à son interlocuteur, ni se soucier de savoir si ses arguments sont convaincants. Nous avons vu bien souvent dans la vie courante des situations comparables.

Nous avons aussi l'exemple courant d'élèves qui suivent un séminaire. Le matin, une personne fait irruption dans la salle, elle est habillée en sombre et porte de longs cheveux noirs. Le soir certains élèves disent que c'était un homme chauve.
Quand quelqu'un est entré dans la pièce et ressorti sans but particulier alors que je suis focalisé sur le message du séminaire, je n'ai pas besoin d'enregistrer le visage de cette personne car je sais qu'une personne est entrée. Je n'ai à prêter attention qu'aux faits qui m'intéressent en fonction de mon contexte et de mon but.
Donc, si j'essaie en suite de me rappeler quelque chose que je n'ai pas enregistré, je suis en difficulté.
Nous pouvons donc regarder sans voir, pour peu que notre attention soit focalisée sur une partie de la scène qui se déroule sous nos yeux, ou bien par tout à fait autre chose.

Pourtant à d'autres moments, à l'approche d'un bouchon sur l'autoroute, mon attention peut être répartie entre la distance qui me reste à parcourir, les commandes frein et volant qui vont me permettre de maitriser ma voiture, l'état de la chaussée sec ou humide et ce que me dit un passager au sujet de ce qui arrive par derrière.

Dans la perception il y a donc déjà une sélection du fait de l'attention qui est provoquée par un phénomène d'alerte dans l'objectif de notre survie.
Matériellement l'amygdale, devant certains signaux externes, déclenche l'alerte. Le tronc cérébral émet une quantité de neuromédiateurs, c'est-à-dire de messagers chimiques qui activent les registres de la conscience et perturbent l'équilibre interne, pour déclencher une série de réactions de préparation à l'action.
Remarquons de plus que tout ce que je regarde n'est pas forcément tout ce qui existe, car ce que je regarde dépend de mes choix. Et tout ce que je vois n'est pas forcément tout ce qui existe car, dans le champ de mon regard, je ne comprends pas tout ce que je vois.
Quand je vois, je comprends, les deux expressions sont équivalentes.

Ajoutons qu'au quotidien, je dois le plus souvent, quand je marche dans la rue, me fier à mes sens qui me conduisent en pilotage automatique. Notre système œil-cerveau semble donc loin de fonctionner comme une caméra qui filme et enregistre tout dans une mémoire informatique qui restitue tout ce que l'on lui a fourni.

3.2 Le capteur de l'image

D'abord le capteur de cette caméra, qui est l'œil, présente une optique loin d'être parfaite.
Avant d'arriver à la rétine pour y former une image, les rayons lumineux ont dû traverser la cornée, la chambre antérieure, passer par la pupille, le cristallin, l'humeur vitrée et enfin la

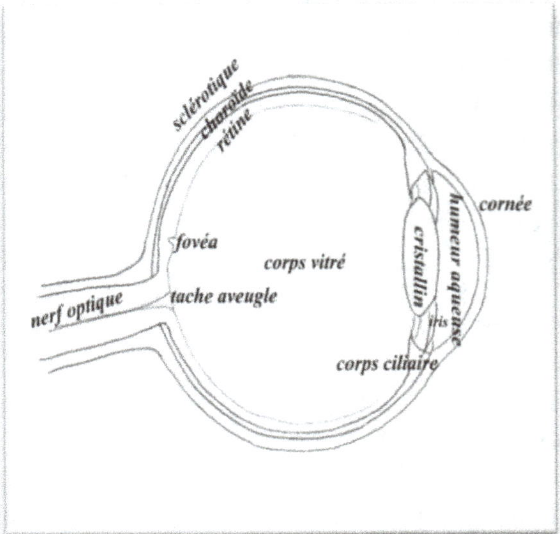

filasse des cônes et des bâtonnets dont la vitamine A sensible à la lumière est tapie au fond de l'œil. La transmission optique entraîne donc une série de dégradations de l'image rétinienne.
Ainsi, en tout point sur la rétine, on récolte une image floue et de taille angulaire augmentée en raison des phénomènes de diffraction, le maximum de précision étant d'une minute d'arc.
Le départ du nerf optique correspond à la tache aveugle du fond de la rétine.

De plus, l'œil, pour balayer en permanence l'espace, se déplace en saccades de quelques centièmes de seconde.
Ce déplacement permanent de l'œil a plusieurs origines, en particulier celle qui correspond à la saturation par la lumière des cônes et des bâtonnets qui ne peuvent plus, du fait de cette saturation, apporter d'informations au nerf optique.

Enfin l'œil tremble en permanence.

Comment dans ces conditions pouvons-nous voir un monde net et stable autour de nous ?
De plus, où est ce monde que nous voyons ? Dans notre rétine ? Dans notre cerveau ? Ces derniers semblent bien petits pour accueillir l'immense espace que nous percevons. Cependant le résultat est que nos capteurs sensoriels nous permettent de calculer et de comprendre un espace à l'extérieur de nous. Notre cerveau effectue ce travail magnifique.
Le système œil-cerveau n'est pas en effet, comme on le pense communément, un appareil photographique, mais un capteur directionnel perfectionné, piloté par une centrale prédictive, à savoir notre cerveau, qui fait des hypothèses, et qui opère pour la survie de l'espèce.

En effet, 80% des fibres qui arrivent dans les zones de la vision V1 à V5 ne viennent pas de l'œil. Cela nous a été confirmé par la recherche de Felleman nous donnant la carte des différentes zones du cerveau en relation avec la vision. Son schéma est connu sous le nom de « la raffinerie ». Voir Annexe VI, *La raffinerie de Felleman*, pages 165.

3.3 La mise en mémoire

3.3.1 Ensuite, lors de la mémorisation d'autres choses viennent s'ajouter, comme on peut le voir en examinant la structure arborescente des neurones grand-mère. Chaque neurone prend et donne de l'information aux autres neurones de son réseau.
La mémorisation se fait à l'occasion d'une émotion et d'une prise de conscience qui ne se limite pas à la possibilité d'utiliser le langage. La mémorisation se matérialise par un renforcement des synapses qui sont utilisés à cette occasion, ce qui permettra de gagner du temps lors d'une prochaine action. En effet, l'apprentissage, selon Serge Laroche, modifie l'expression du gène Zif268, pour modifier durablement les synapses.

C'est à ce moment-là que se constituent des réseaux, comme ceux des neurones grand-mère, par exemple.
Nous rappelons le schéma des connexions du neurone grand-mère (page 28).

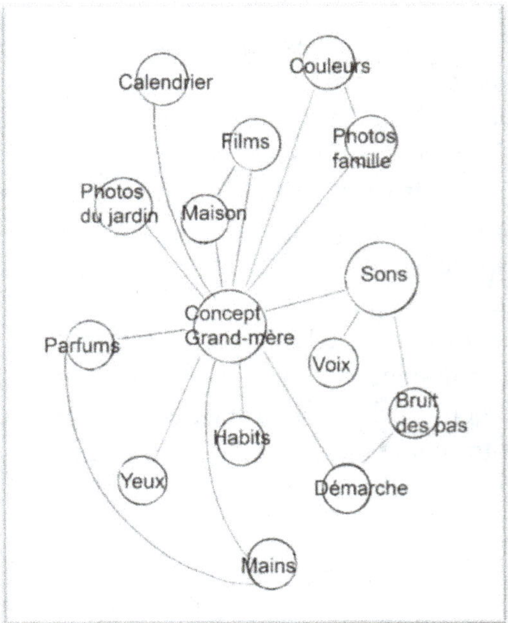

Le neurone grand-mère, au centre du réseau qui le définit, relie des neurones situés dans différentes régions du cerveau, y compris éventuellement dans l'une des zones de la vision. On comprend alors la complexité du réseau de Felleman.

3.3.2 De plus au moment de la mémorisation j'ai effectué une sélection. Le cerveau n'utilise pas tout ce qui arrive sur la rétine. O'Regan nous fait en effet remarquer que si j'ai quelqu'un en face de moi, je n'ai pas besoin d'enregistrer son visage car je sais que c'est lui qui est devant moi et, si je veux revoir le visage, je n'ai qu'à tourner les yeux pour le regarder. Je n'enregistrerai son visage que si j'y prête attention et que j'ai une bonne raison de l'enregistrer ou bien que j'éprouve une émotion à la vue de son visage.

3.3.3 Que mettons-nous donc en mémoire ?

Les souvenirs reflètent-il la réalité ? Mais de quelle réalité parlons-nous ? Les souvenirs reflètent nos émotions éprouvées par notre corps en contact avec la réalité physique. On stocke dans les structures neuronales des informations selon le contexte dans lequel on se trouve : climatique, émotionnel, physiologique.

L'hypnose tente de restituer les événements enfouis dans la mémoire qui ne délivre qu'une représentation non de la réalité physique, mais d'une réalité perçue à travers les émotions de notre corps en contact avec la réalité physique.
Les événements enfouis sont ceux qui n'ont pas été verbalisés jusqu'au jour de l'hypnose, c'est-à-dire qui n'ont pas encore été représentés par l'hypnotisé.
De toute façon, ces souvenirs enfouis, ressentis par nos perceptions mais non verbalisés, ou bien représentés par notre verbalisation ou nos dessins, ne sont pas la réalité physique.
La mémoire ne peut qu'apporter une représentation du monde perçu.
L'hypnose est une focalisation de l'attention, elle ne fait que mieux mettre en valeur le phénomène de mémoire. Il n'y a rien d'extraordinaire. L'hypnose donne l'impression de phénomènes plus forts parce qu'on y porte attention.

3.3.4 Cela explique que notre mémoire soit faible et manipulable.

La mémoire est le produit des émotions de notre corps, faites de réactions physico chimiques qui inondent notre corps et notre cerveau après une alerte lancée par l'amygdale. Ainsi la présence d'un objet, à elle seule, nous change chimiquement. C'est pourquoi notre attention et notre conscience nous semblent apparaître et disparaitre de façon capricieuse.

C'est pourtant au cours de ce processus que notre mémoire est marquée par le renforcement des réseaux de neurones exposés aux conséquences émotionnelles de la présence de l'objet.
Ainsi le sujet est convaincu d'avoir vécu l'instant. C'est vrai, il a vécu cet instant de perception qui est le résultat de l'irruption d'un objet physique dans le champ de perception de son corps.
Deux personnes auront donc chacune leur perception particulière du même événement physique. Dans la même famille deux personnes se disputent parce qu'elles n'auront pas le même souvenir de l'événement qu'elles ont vécu ensemble.
De même il existe une perception de soi de la naissance à la mort et cette perception évolue dans le temps. Avec l'âge je comprends ce que j'étais, le poids du contexte social et historique dans ma formation. Je peux me juger, accepter ou non mes erreurs, réelles ou imaginaires, les regretter, culpabiliser, inventer de nouveaux espoirs.

La réalité des faits représentés dans notre mémoire est tellement éloignée de la réalité des faits physiques que l'on a pu voir devant le juge des gens s'accusant de délits qu'ils n'ont pas commis. « Ils passent aux aveux ». Comment cela se fait-il ? Nous sommes dans le monde de l'émotion, du perçu. Un otage peut éprouver de la sympathie pour son geôlier révolutionnaire qui défend une noble cause.
L'accusé culpabilisé se persuade de ne pas avoir fait ce qu'il fallait pour éviter un cours fatal des événements dont la nature reste floue. Sa perception de lui-même est modifiée.
La seule présence de l'Objet me change chimiquement. Alors mon Soi modifié, voit l'Objet différemment, et il voit l'Objet modifié, et cet Objet modifié me modifie encore à son tour, c'est ainsi que l'on assiste aux phénomènes d'effervescence d'une foule. Vous avez remarqué, en période de fin d'année, l'amplification de la frénésie d'achat d'objets, pour la plupart ordinaires, le reste de l'année.
D'autres biais peuvent exister dans la fabrication des représentations comme l'épuisement du corps dans un procès qui dure des années ou des aveux obtenus sous la torture.

3.3.4 Une fonction sélection, celle de l'attention, s'arrête sur l'essentiel et met les autres choses de côté.

Lorsque vous focalisez une partie particulière d'une photo, vous ne voyez pas le reste.

Une fois perçue, l'information est encodée. Comment les informations vont être retenues quelque part dans notre système ? Tout le monde fabrique des informations codées, encodées, encadrées. L'écriture humaine est une façon d'encoder un message, de même l'ADN encode des messages.
Ce sont les connexions neuronales renforcées au cours d'une émotion qui met en empreinte l'ensemble du réseau d'attracteurs de l'attention qui constitue la mémoire.

3.4 Le retour de mémoire

Dans notre monde rationnel nous pensons qu'en mettant en mémoire un calcul on met en nous quelque chose d'imprimé, de cristallisé, qui nous permettra de recourir à ce trésor chaque fois que nous en aurons besoin. Mais quand je n'ai plus les clés sur moi devant ma porte, je déroule le chemin depuis que je suis sorti du bureau. Je déroule un film, une aventure sous le coup de l'émotion, me demandant si je n'ai pas rêvé chaque étape à laquelle je pense. J'émet les hypothèses parfois les plus folles. Ai-je pris les clés de mon fils ? Que va-t-il pouvoir faire en arrivant chez lui ? En l'occurrence je fais jouer ma mémoire épisodique, avec toute ses faiblesses, dont chaque scène a été soumise à des attracteurs de l'attention successifs.
Ainsi le retour de mémoire est une création autant qu'une expérience.
On ne connaît pas à priori les indices de rappel d'un souvenir, autrement dit les attracteurs de l'attention, ces indices pouvant être, un chant, une bague, la madeleine de Proust.

3.4.1 Un souvenir a de l'impact sur le présent.

L'instant présent est habité par mes souvenirs. Mon cerveau est en connexion permanente avec ma mémoire. La mémoire n'est que l'expression des réseaux dont les interconnections ont été renforcées par le gène Zif268 au moment de nos émotions. Un souvenir sera donc lié à une quantité d'impressions diverses du moment. Un lieu sera lié à une odeur, un rayon de soleil, à une personne chère. Un objet mémorisé rassemble autour de lui une quantité d'autres souvenirs.

3.4.2 La restitution de mémoire est contingente des circonstances.

Le médecin psychiatre et psychothérapeute, Eric Bonvin, de l'Université Paris VI La Salpêtrière, souligne que le rappel d'une expérience du passé dépend aussi du contexte.

La restitution de la mémoire est en effet très contingente du contexte présent. Un rappel, pour le psychiatre, est une expérience qui ne peut être accompagnée que d'une narration. Chaque expérience va être inscrite dans une narration particulière qui va être totalement dépendante du contexte, de l'interlocuteur, de ce que l'on a l'intention de dire.

Au contraire quand je récite la fable *Le Loup et l'Agneau*, ce seront les mêmes mots quel que soit le contexte. Mais dans ce cas, pour apprendre une fable de La Fontaine, je me suis isolé, et pour la réciter je sais que, comme écolier, je serai sanctionné à l'école en cas de restitution non-conforme au texte. Il s'agit alors d'une expérience très différente de celle d'une situation courante existentielle dans son contexte.

La mémoire n'est pas quelque chose d'encapsulé à l'intérieur de notre cerveau ou de notre corps. Elle dépend au contraire de notre attention et de nos émotions, selon les contextes.

La restitution des faits dépendra de notre mémoire physique mais également de notre contexte.

L'expérience vécue est *l'interférence* entre mes perceptions et l'environnement, elle est mon ressenti intérieur de l'extérieur.

L'extérieur conditionne ma perception, mais ma perception conditionne mon action sur l'extérieur, c'est-à-dire l'expérience.

Mon corps et l'extérieur évoluent ensemble avec le temps.

La narration dépend du contexte environnemental et social avec les intentions d'action des acteurs.

Et pourtant, dans le quotidien, dans le présent de l'action, je fais comme si ma mémoire se souvenait de tout.

Chapitre 4 Les schémas mentaux

4.1 L'émergence de la pensée

A chaque étape de la perception, de la mise en mémoire, et de la restitution, il y a une modification. A chaque étape on travestit la fidélité de la mémoire avec une grande plasticité.

La mémoire apparaît comme un processus créateur émergeant du travail des structures neuronales. Qu'est-ce que l'émergence ?
Comme exemple d'émergence nous avons la somme des pièces d'un moteur qui donne un moteur qui répond à mes ordres. Le système émergeant matérialisé par le moteur a une fonction différente de celui de chaque pièce. Il ne se réduit pas à l'ensemble de ses pièces posées les unes à côté des autres. Le moteur de nos automobiles, activé par l'énergie du pétrole ou de l'électricité, offre des possibilités fonctionnelles nouvelles bien au-delà de celles que peut offrir chaque pièce. La fonction automobile est bien plus que le somme des propriétés de chaque pièce. La fonction émergente vient du fait que ces pièces sont montées en réseau cohérent, cohérence née d'un besoin naturel de mobilité et de liberté matérialisé par l'ingénieur concepteur des pièces et de leur agencement en réseau.
Dans le cas du cerveau pensant nous assistons à une auto construction du réseau en interaction avec l'environnement.

La perception ne peut exister sans la présence de l'Autre et de l'Objet c'est-à-dire de l'Environnement. On considère à tort le Soi comme une construction immuable. Mais c'est oublier l'action de l'environnement qui nous façonne, même lorsque nous agissons sur l'environnement. Nous faisons partie de l'environnement, nous baignons dans l'environnement. Nous interagissons en permanence avec lui. Nous sommes *intriqués* à l'environnement. De ce fait, notre cerveau pensant ne se développe qu'en interaction avec l'extérieur.

Dans chaque expérience il existe des traces du passé, une attente de l'avenir, des liens qui me relient avec l'extérieur et c'est cette complexité qui existe à chacune des étapes que sont la perception, la mémorisation et la restitution.

Dans cette navigation entre le passé et le présent, dans une intention d'action, dans une anticipation, surgit l'émergence de fonctions attachées à nos réseaux de neurones.

4.2 Les Trois Réalités

Notre cerveau n'a que faire de la notion de Vérité universelle immuable. Nous devons distinguer trois réalités, la réalité physique, la réalité perçue et la réalité représentée. C'est cette réalité que j'aurai représentée qui sera perçue par mon voisin comme une réalité perçue qu'il représentera à son tour dans un discours qui lui sera personnel. Cette chaine de la communication se reproduit avec ses distorsions indéfiniment.
Ainsi, qui s'entre écoute ? S'interrogeait André Gide.
Chacun en effet ne voit que midi à sa porte, « chacun a déjà tout dit ».

Il existe une réalité extérieure à nous, mais quand nous nous essayons à représenter cette réalité, dans un tableau par exemple, un même tableau entraine des perceptions différentes chez chacun de nous.
Ce que nous restituons de la réalité perçue nous en dit davantage sur nous-mêmes que sur la réalité physique de la nature.

Notre perception de la réalité évolue en spirale, à chaque fois que nous considérons la représentation que nous venons de peindre ou de dire de la réalité perçue.
Mon interlocuteur me dit par exemple : « Au fur et à mesure que je te parle de cette affaire, je comprends mieux maintenant comment les choses se sont agencées. A l'avenir quand j'aurai à en reparler je commencerai par ces premiers indices que je n'avais pas remarqués au départ ». Mais il n'est pas impossible que, d'ici là, son point de vue sur cette affaire aura encore évolué.
Un dessinateur me dit devant le dessin de modèle vivant qu'il vient de terminer : « C'est étonnant, je viens de dessiner le bras le plus éloigné deux fois plus petit que l'autre pour que ma perspective soit correcte et pourtant, dans l'espace, je vois bien que ce bras est aussi volumineux que l'autre. Il faut donc bien qu'à l'avenir je construire d'abord les volumes en observant les angles, c'est bien la bonne méthode ».

Et tous les dessinateurs savent, qu'en travaillant, le savoir-faire de l'artiste évolue.
Nous pensons naïvement que notre mémoire est un livre que l'on peut ouvrir à tout moment pour y retrouver la réalité gravée.
D'abord il faut remarquer que nous n'avons gravé que la réalité que nous avons perçue.
Lorsque nous essayons de définir la mémoire comme un système qui enregistre la réalité pour nous la restituer plus tard fidèlement, cette mémoire nous échappe parce qu'elle est intriquée dans une complexité de la vie, contrairement à celle d'un enregistreur électronique dont la structure et le contenu sont indépendants de l'environnement.

4.3 Les modèles mémorisés

Mais alors comment le cerveau fonctionne-t-il ? Quels sont ses repères mémorisés pour permettre la perception, la décision d'interprétation et l'action qui vont assurer la survie du corps ?

4.3.1 Les images

Nous stockons en mémoire toutes sortes de données simples ou complexes. Nous avons vu au sujet des neurones grand-mère que nous stockons des lieux, dates, images, odeurs, musique, parfums, sons, etc.
Les neurones SIP, ou neurones du sillon intrapariétal, nous permettent de constituer des cartes qui pourront être stockées.
Les cellules de lieu sont des neurones de l'hippocampe qui permettent de repérer le lieu où l'on se trouve sur une carte mentale lorsque nous nous déplaçons dans un appartement par exemple.
Les neurones miroirs qui sont les neurones de l'empathie contribuent très probablement avec les neurones grand-mère à la création des anthropomorphismes.
La mémoire épisodique nous permet de stocker des films, des scénarios réels ou imaginaires.
Toutes ces ressources sont à classer dans la catégorie des *images,* qu'elles soient fixes ou animées.
Les images peuvent être explicites, c'est-à-dire consciemment exprimées, ou implicites, c'est-à-dire inconscientes.

Les images se situent dans les cortex sensoriels, visuels et auditifs. Dans les régions primitives sont actifs le noyau du tractus solitaire, le noyau parabrachial, le colliculus supérieur.

4.3.2 Les dispositions

Pour mener une action nous avons besoin de *dispositions* au sens de Damasio (*Self Comes to Mind*, p.135-145).

Les dispositions sont des schémas qui permettent de développer l'action en déroulement. Elles peuvent être celles fabriquées par l'enfant qui apprend consciemment et laborieusement à faire de la bicyclette, puis utilisées inconsciemment et naturellement par l'adulte qui utilise une bicyclette.

La mémoire dite d'apprentissage stocke ces dispositions proprioceptives. La proprioception désigne la perception, consciente ou non, de la position des différentes parties du corps. Elle fonctionne grâce à de nombreux récepteurs musculaires et ligamentaires, et aux voies et centres nerveux impliqués.

Les dispositions sont toujours inconscientes.

Les dispositions se situent dans le cortex temporal, pariétal, et les régions frontales. Les dispositions les plus anciennes se situent dans le télencéphale basal, les ganglions de la base, le thalamus, l'hypothalamus et le tronc cérébral.

Les images et les dispositions contribuent à la perception et à l'action.

4.3.3 Les schémas de perception et d'action

Nous avons vu également, avec les neurones de Peterhans, les neurones grand-mère, les cartes spatiales matérialisées par les neurones SIP, c'est-à-dire du sillon intrapariétal, et les neurones dopaminergiques que nous pouvons stocker des notions abstraites.

Nos actions s'appuient souvent sur des schémas mécaniques simples qui nous permettent d'anticiper l'évolution d'une situation. Ces schémas sont des images, mais des images abstraites.

Ainsi nous utilisons dans nos discours le schéma de deux droites parallèles, du triangle, du carré, du cercle, du cône, de la spirale, de la balance, de la poussée d'Archimède, etc.

Nous disons « ces deux personnes cherchent sur deux voies parallèles », « c'est une conversation délicate en triangle », « j'ai un carré d'as », « il

reste dans son cercle », « une spirale infernale ou au contraire gagnante », « le balancier est allé trop loin », « le ballon maintenu sous l'eau va ressurgir », etc.
Ces schémas étaient utilisés à l'époque moderne dans un contexte de déterminisme et de temps linéaire, ferroviaire, celui d'un découpage arbitraire et fantaisiste de la vie.
Mais remarquons que, déjà avec ces schémas simples, nous avons affaire à des *schémas dynamiques* dans la mesure où il faut du temps pour les parcourir. Il nous faut du temps pour explorer un triangle, un carré, un polygone, ou aller d'une parallèle à l'autre.

Nous pensons souvent par analogie, par image, lors que nous exprimons un anthropomorphisme pour expliquer les transformations du monde ou les comportements des choses qui ressemblent à celles du vivant. Nous disons « La tempête se déchaine » ou bien « Les circonstances nous sourient ». Nous avons besoin d'images dynamiques pour concrétiser des notions abstraites en disant que « beaucoup d'eau est passée sous les ponts ». Ces images sont légions au gré de notre imaginaire.
Mais nous allons nous intéresser à des *schémas de perception et d'action*, moins en vue dans la période moderne déterministe dans laquelle nous avons baigné au XXe siècle, mais désormais bien acceptés aujourd'hui dans notre monde postmoderne. Nous vivons depuis les débuts de la mondialisation dans un monde postmoderne polymorphe, nourri de multiples réseaux d'influences, évolutifs, complexes et incertains. Ce monde a besoin de nouveaux schémas de pensée de perception et d'action pour comprendre son sort et survivre.

Nous stockons des schémas de perception et d'action que nous utilisons couramment. Nous avons déjà parlé de trois d'entre eux à savoir les *superpositions,* les *interférences* et les *intrications* dont nous reparlerons dans cet ouvrage. Voir l'Index p 181 et suivantes.
Nous avons vu en effet qu'une superposition peut conduire vers une notion de concept.
Nous avons dit de plus que l'expérience vécue est l'interférence entre ma personne et mon environnement. L'interférence est la rencontre dynamique de deux phénomènes simultanés.

Nous avons observé dans nos pensées des intrications d'influences multiples. L'intrication est l'état de ce qui est interdépendant.

Nous nous arrêterons aussi sur les schémas *d'oscillations*, et d'*incertitudes* qui nous sont familiers en particulier en psychologie.

Enfin nous verrons que, lorsque nous voulons quantifier quelque chose, nous sommes confrontés à un *changement du milieu* que nous tentons d'appréhender et de mesurer, partant d'un environnement riche de sa totalité pour ne s'intéresser qu'au milieu réduit et isolé pour les besoins de la mesure.

Ces schémas de perception et d'action sont inscrits dans notre mémoire et se manifestent par conséquent dans de nombreux domaines de pensée. Ces schémas nous sont indispensables pour comprendre le monde et y survivre.

Remarques sur la Ière partie
Des schémas pour survivre

Il ne faut pas oublier que 80% des neurones qui arrivent dans la région occipitale de la vision ne viennent pas de l'œil.
En 1990, Ungerleider et Mishkin, puis Van Essen et Felleman, ont identifié chez le macaque une trentaine de zones contribuant à la vision : ces zones concernent, entre autres, celles de la détection du mouvement, les zones sensorimotrices de toutes les parties du corps, les zones proprioceptives des muscles et des articulations, les zones de l'oreille, de l'audition et de l'équilibre, les zones olfactives, les cartes spatiales, la mémoire, les zones du langage, les zones de la localisation des objets dans l'espace. Voir Annexe VI, *La raffinerie de Felleman*, pages 165 à167.

Il en résulte que nos illusions ne viennent pas obligatoirement de nos sens, mais au contraire de notre cerveau calculateur.
Michael Gazzaniga a mis en évidence, en 1980, l'activité distincte des deux cerveaux droits et gauche en étudiant le comportement de patients épileptiques dont on avait sectionné le corps calleux c'est-à-dire les liens neuronaux qui relient leurs deux hémisphères. Voir Annexe III, *L'expérience de Gazzaniga.*
Notre « cerveau gauche », qui regroupe en particulier les aires du langage, a une activité permanente pour tenter d'expliquer les sensations gérées par le « cerveau droit ». Le cerveau droit contient les aires sensorielles et les aires du mouvement.
Cet ensemble des cerveaux gauche et droit nous permet de comprendre ce que nous voyons, de décider d'attribuer à l'objet observé une forme ainsi qu'une façon d'évoluer dans l'espace, et d'identifier finalement l'objet comme un danger ou pas.
La *Poésie chuchotée à l'oreille* de Rayuela de Julio Cortazar, (1914-1984), présentée en Annexe IV, exprime cette intrication des deux cerveaux droit et gauche.

De plus ma perception est multisensorielle, par exemple mon goût sera aidé par ma vue et mon odorat. L'appréciation d'un bon vin sera confortée par sa couleur, son parfum, la forme de la bouteille, l'étiquette et le terroir que j'ai géographiquement situé.
Chaque perception est active, elle correspond à un jugement, à une décision d'identification et d'action.
Pour des raisons de survie du corps, dans un environnement plein de surprises, chaque décision doit être prise rapidement en s'appuyant sur un catalogue mémorisé de *schémas de perception et d'action* qui peut être lui-même évolutif selon ma culture.

IIème PARTIE
Domaines de pensée

Introduction.
Des schémas de perception et d'action communs

Nous allons chercher les qualificatifs communs à des phénomènes courants dans différents domaines de notre vie quotidienne.
Dans une société nous cohabitons avec nos cultures et nos savoirs.
Le même événement sera vu différemment par un sportif, un médecin, un juriste, un artiste, un mathématicien, un physicien, un philosophe, un sociologue, un musicien, un historien, un géologue, un astronome.
Mille métiers, mille cultures, mille voies d'expériences et de visions du monde.
Pourtant nous verrons que nous attribuons aux événements de ces différents domaines de pensée les mêmes qualificatifs correspondant à des *schémas de perception et d'action communs.* Nous parlerons en termes de la vie courante de ces schémas habituels.
Comment expliquons-nous donc le monde ?

Montaigne (1533, 1592) disait que « l'homme est ondoyant et divers », évoquant ainsi des *oscillations*.

Mais si nous sentons nos oscillations d'opinions, nous nous sentons aussi pris de sentiments ambivalents, de *superpositions d'états*.

Nous savons aussi que la vie est faite de rencontres, d'*interférences*. L'expérience vécue est l'interférence entre mes perceptions et l'environnement, entre mon ressenti intérieur et mon ressenti de l'extérieur.

Plus haut nous avons vu que la mémoire est *intriquée* avec la complexité de la vie. Cette mémoire créative, évolutive, à travers nos vécus et nos ressentis du temps et de l'espace nous apporte la possibilité d'expériences mentales qui nous transportent en référence à d'autres lieux qui peuvent être éloignés de nous, mais particulièrement présents à notre esprit, autrement dit à des expériences imaginaires de *non localité* ou d'*ubiquité*.

Le temps, mais pas forcément le lieu, intervient dans la notion *d'intrication,* lorsqu'il y a influence d'un phénomène sur l'autre. Les expériences du physicien Alain Aspect en 1981 et 1982 ont contribué à montrer que, si l'on assimile une onde à deux particules ayant une origine commune, la connaissance de l'état d'une particule permet de connaître l'état de l'autre particule, même si les deux particules se trouvent éloignés de dizaines de kilomètres l'une de l'autre, c'est-à-dire lorsque nous assistons à une *non localité* du phénomène. Cela découle du fait que l'on peut assimiler deux particules cohérentes, c'est-à-dire issues d'une même source au même instant, à une seule onde.

Par ailleurs, nous savons par expérience qu'il est difficile de courir deux lièvres à la fois, et que si nous délaissons un lièvre nous avons alors davantage de chances d'attraper l'autre. Si je veux déguster à loisir un lièvre dans mon assiette, je dois choisir entre deux variables : un lièvre ou l'autre.
Quand je suis au bord de la route en train de regarder un bolide qui passe devant moi, ou bien j'observe maintenant la distance à laquelle il se trouve, ou bien je tente d'évaluer sa vitesse durant le temps qu'il lui faut pour modifier la distance à laquelle il se trouve. Je dois m'intéresser soit à la distance soit à la vitesse de l'objet pour choisir une perception adaptée à l'une des deux variables à mesurer.
J'ai affaire à *deux variables complémentaires* le lieu ou bien la vitesse.

De même, quand je reçois un projectile, ou bien je cherche à connaître sa forme ou bien je cherche à connaître sa vitesse, c'est-à-dire son évolution par rapport à son environnement. Je dois faire un choix, si je veux avoir une réponse précise sur la forme ou sur la vitesse de l'objet. Mais je sais que dans l'action la connaissance des deux variables me sera nécessaire, même dans l'imprécision, pourvu que j'esquive le projectile, si c'est un poignard volant, ou bien que je l'attrape si c'est une balle de tennis.
J'agis dans *l'incertitude de deux variables complémentaires.*

Enfin nous avons déjà constaté que lorsqu'une pièce du moteur de notre voiture est défectueuse ou absente, le moteur ne fonctionne plus.
De même, si je prélève une pièce de ma voiture pour l'examiner, ne serait-ce que pour une mesure, le moteur ne fonctionne plus. J'ai, le temps de la mesure, modifié le moteur qui est l'environnement de la pièce étudiée. J'ai détruit comme un apprenti sorcier *l'émergence* de la fonction moteur qui permettait à ma voiture de me transporter où bon me semble. Une mesure sur mon milieu a changé mon milieu. De façon générale *une mesure change le milieu.*

Nous examinerons dans cette deuxième partie, les schémas de perception et d'actions qui nous permettent de survivre. Ces schémas se trouvent être communs aux différentes disciplines que nous prendrons en exemple, la science des illusions, les arts, la physique subatomique, la psychologie, la sociologie, les sciences du vivant, les mythologies. Nous observerons que ces schémas dynamiques d'explication du monde que les physiciens pensaient propres à la physique subatomique se retrouvent en fait dans des domaines de pensée très divers. Nous avons distingué comme schémas de perception du monde et d'action sur le monde :
les *oscillations*,
les *superpositions d'états*,
les *interférences,*
l'*intrication* avec ses conséquences de *non localité* et d'*ubiquité*,
l'*incertitude* sur deux variables complémentaires,
la *mesure* qui *change le milieu.*

Nous remarquons simplement que les physiciens ont abordé la physique de la matière avec des schémas mentaux déjà utilisés couramment dans d'autres domaines de recherches, même si ces schémas n'y étaient pas toujours particulièrement mis en avant. Autrement dit une pensée quantique était déjà disponible pour aborder la physique subatomique et la matière.
Il faut être conscient d'un fait : personne n'a vu les électrons de la matière, par contre nous avons perçu leurs effets et nous les avons représentés par des images à l'aide de la formule des contes de fées pour enfants : « Tout se passe comme si ».
Si la physique est considérée comme une science « dure », par son utilisation de la mathématique et de l'approche expérimentale, elle n'en reste pas moins, par ses images nombreuses et créatrices, un art poétique d'une grande richesse, comme l'a souligné Saint-John Perse (1887-1975). C'est la complémentarité de ces deux aspects qui lui ont permis de générer les avancées technologiques de notre époque postmoderne.

Allons maintenant à la rencontre du premier domaine de pensée que nous voulons examiner, celui des illusions d'optique.

Le lecteur pourra s'il le souhaite sauter un ou plusieurs chapitres. Celui qui serait effrayé par la physique, qui n'est pourtant faite que d'histoires poétiques enfantines diverses, pourra passer au chapitre suivant.

Chapitre 1 Les illusions d'optique

Les errances de la pensée

Parmi les multiples illusions des sens, nous choisissons les illusions d'optiques planes, ce qui est pratique lorsqu'on a pour support le papier d'un livre.
Dans la vie courante nos illusions visuelles sont en trois dimensions dans un espace optique, c'est-à-dire cylindrique, tel qu'il est décrit dans l'ouvrage *Dessiner en Perspective Réelle*, X. Bolot, L'Harmattan, 2006, ou bien dans un espace onirique qu'il soit sphérique ou linéaire.
Un livre étant plat, nous choisissons les illusions d'optiques planes, c'est-à-dire en deux dimensions. Ce domaine fut le champ de recherches en particulier de Jacques Ninio, Directeur au laboratoire de recherches de physique et statistiques UMR 8550, auteur de *La Science des Illusions,* et de Jean Bullier Directeur du Centre de Recherche Cerveau et Cognition de Toulouse, qui ont tenté de faire sortir les illusions d'optique des cabinets de curiosités.

1.1 Oscillations

Nous observons sur cette image alternativement deux visages ou bien un vase.

Nous basculons d'une image à l'autre de façon irrépressible. Le travail est donc effectué inconsciemment. Le basculement a lieu toutes les trois secondes environ.
Nous avons également l'exemple des oscillations du cube de Necker.

Dans cette image, nous observons successivement un cube vu d'en bas, avec une face avant en haut à gauche, puis un cube vu d'en haut avec une face avant en bas à droite. Ce basculement s'opère malgré notre volonté de rester sur la même image. Le travail mental effectué est donc effectué inconsciemment.

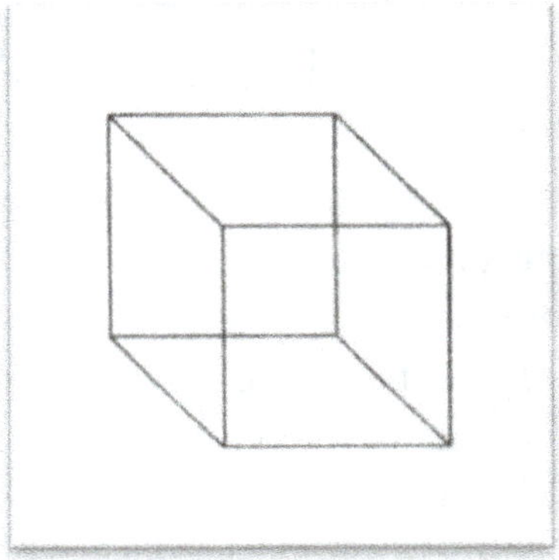

De très nombreuses zones du cerveau peuvent fonctionner soit en mode inconscient, soit en mode conscient qui est le mode dans lequel des fonctions supérieures cognitives sont activées.
Cependant certaines fonctions, comme celle de la reconnaissance des formes, peuvent dans certains cas fonctionner de façon autonome en restant connectées à une mémoire des formes, comme celles des lettres de l'alphabet. On parle alors de fonctions encapsulées.

La reconnaissance de la forme demande 3 millisecondes, le basculement s'effectuant toutes les trois secondes.
Lorsque le cerveau ne perçoit pas suffisamment d'indices concordants attachés au même neurone grand-mère « cube », il cherche une autre solution pour arrêter une éventuelle décision de perception qui lui permettra de décider d'une action.

Ce phénomène est courant. Dans la vie quotidienne nous croyons avoir vu un objet qui correspondait à un instant donné à l'une de nos préoccupations, mais cette vision mentale peut s'avérer fugace sous la pression des événements visuels, de nos réactions et de nos intentions d'actions.

1.2 Superpositions d'états

Deux triangles équilatéraux peuvent être superposés dans deux états différents.

Le premier à un sommet en haut, appelé triangle up, le second a un sommet en bas, appelé triangle down.

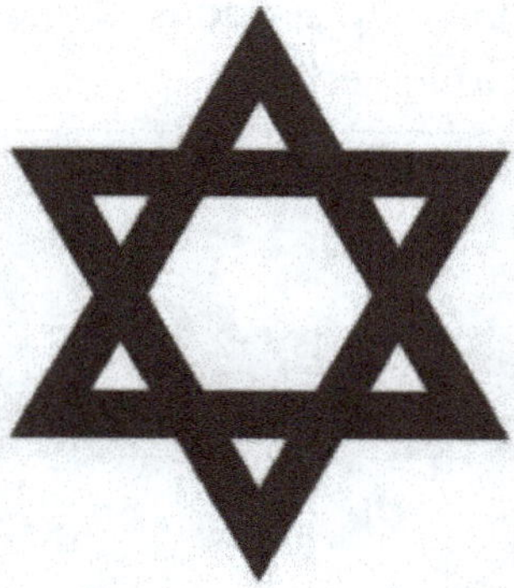

Lorsque l'on superpose les deux images de triangles on perçoit une étoile de David qui est donc constituée d'une superposition de deux triangles dont les états ne sont pas identiques.

C'est la simultanéité de ces deux états statiques haut et bas (up and down) qui donne vie à la perception de l'étoile de David. L'image de cette étoile nous est familière car elle est gravée dans notre mémoire. Elle est associée à d'autres souvenirs par un neurone grand-mère.

Mon œil capte deux triangles superposés dans une configuration particulière up and down et nous disons « c'est l'étoile de David ».

Dans cette superposition chacun des deux triangles n'est pas modifié pour autant, ni dans sa forme, ni dans son état c'est-à-dire son orientation.

Nous avons dans cet exemple simplement convoqué une image de notre mémoire construite à partir de deux autres images sans transformations, sans « illusions ». Mais nous verrons que ce n'est pas toujours le cas comme dans celui des interférences.

Nous sentons bien en effet que notre esprit va très vite se poser des questions du type : quel triangle est devant l'autre ? D'où viennent les petits triangles et l'hexagone ? Les deux grands triangles s'entrelacent-ils ?

1.3 Interférences

L'origine de ce mot vient du latin *inter ferrer* signifiant entre et frapper. Cela veut dire que nous allons nous intéresser aux résultats produits par deux phénomènes dynamiques qui s'entre choquent.

L'illusion de Fraser nous donne la perception d'une spirale qui n'existe pas physiquement.

La spirale perçue est en fait constituée de cercles concentriques de fils torsadés noirs et blancs présentés ci-après.

Création du graphiste Jean-Yves David pour cet ouvrage.

L'illusion de Fraser est en fait constituée de la présence simultanée de deux images. La première est constituée d'anneaux concentriques d'un fil de deux brins torsadés, l'un blanc et l'autre noir. Voir l'image ci-dessus. La seconde image est constituée de spirales noires, les unes tournant vers la gauche les autres vers la droite. Voir le fond de l'image de la page précédente.

Lorsque l'on combine les deux images l'œil perçoit une troisième image : celle d'une spirale centrale constituée d'un brin de deux fils, l'un noir, l'autre blanc. Posez votre crayon en un endroit quelconque de la spirale et suivez cette spirale. Vous constaterez que vous revenez rapidement au même endroit, c'est-à-dire que vous avez décrit un cercle. Malgré cette expérience vous continuez à croire que cet ensemble de cercles constituent une seule et même spirale.

Il y a eu interférences de deux perceptions pour produire une troisième image. Et c'est à la troisième image que vous croyez, à celle que vous avez construite mentalement avec votre cerveau gauche.

Contrairement à la superposition, au moins une des images, ici les cercles concentriques, composant la nouvelle figure a disparu. Remarquez que les deux images d'origine, les spirales noires qui tapissent le fond du tableau, et la série de cercles concentriques, ont besoin de temps pour être lues. Elles donnent l'impression d'une dynamique de développement propre à la forme expansive de la spirale et aux cercles concentriques qui font penser à la progression de cercles sur l'eau.
Voir l'Annexe I, *Les cercles concentriques*, p.147.

Il existe toutes sortes d'interférences variées. Prenons l'exemple de la grille d'Hermann. Vous apercevez des points noirs qui surgissent de façon dynamique à partir d'une image matérielle figée sur le papier. Les multiples zones du cerveau qui participent à la perception apportent ce résultat.

1.4 Intrication, non localité, ubiquité

L'intrication est l'état de ce qui est entremêlé, indissociable, lié dans une relation qui peut être complexe.

Prenons l'exemple du triangle de Kanizsa.

Prenons trois disques noirs dont un secteur de 60° est découpé sur chacun d'eux. Mettons les centres de ces disques à la tête d'un triangle équilatéral et orientons les bords des secteurs de façon à ce qu'ils soient alignés.

Nous avons une image apparemment simple qui est celle de trois disques incomplets disposées de façon équidistante sur un fond blanc.

Mais l'image constituée de ces trois cercles noirs bien réels physiquement ne s'arrête pas là.

Vous voyez au milieu de la feuille apparaitre un triangle équilatéral blanc, plus blanc que le blanc de la feuille. Plus vous regardez l'image plus le blanc du triangle devient éblouissant.

Vos neurones de Peterhans ont créé des traits virtuels et un triangle virtuel. Le contraste blanc a été imaginé par votre système visuel.
Ce faisant les trois cercles noirs sont liés par *intrication* pour donner ce triangle blanc. Le phénomène a lieu dans mon espace visuel aux trois sommets du triangle, le phénomène est *non localisé.*
On observe que l'intrication de plusieurs observations *cohérentes* correspond à une délocalisation du phénomène c'est-à-dire de la perception. Décalez ou faites tourner l'un des cercles noirs, la cohérence du positionnement des trois cercles noirs n'est plus assurée et le phénomène disparaît.

Ainsi notre cerveau est prêt à compléter le monde pour lui assurer une cohérence, voire une stabilité, dont nous avons besoin pour organiser notre action. Cette construction est assurée par des calculs qui peuvent s'effectuer en l'absence d'informations sensibles. Notre cerveau peut construire un monde virtuel et peut être sujet à des apparitions.
A ce sujet nous rappelons en Annexe III *L'expérience de Gazzaniga.*
On voit dans cette expérience le cerveau gauche imaginer imperturbablement des scénarios imaginaires.

Donnons maintenant aux secteurs découpés dans les cercles noirs un angle inférieur ou supérieur à 60°. Le cerveau gauche construira imperturbablement un triangle aux bords curvilignes concaves ou convexes pour créer une figure cohérente avec ses connaissances.

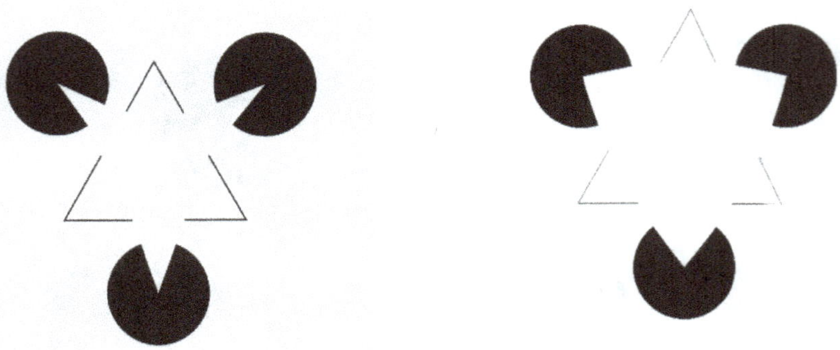

Nous pouvons également construire toutes sortes de figures virtuelles à trois dimensions comme ce cube dessiné avec des traits virtuels blancs.

1.5 Incertitude

Lorsque nous parlons d'*incertitude*, il s'agit d'incertitudes sur les *variables complémentaires*. Nous avons comme variables complémentaires par exemple *le lieu et le temps*.
Vous êtes habitués à ces variables. Lorsque vous êtes au bord d'une route vous pouvez savoir à un instant donné où se trouve une voiture qui vient vers vous, mais pour connaître sa vitesse vous avez besoin de temps, et, pendant tout le temps où vous évaluerez la vitesse de la voiture, vous ne pourrez pas dire en quel lieu elle se trouve exactement.
Pour dessiner une forme, ou prendre en photo une forme, vous avez besoin que celle-ci reste immobile sous vos yeux, si la forme se déplace elle deviendra floue et plus la forme se déplacera vite plus l'image sera floue.
C'est ce que les physiciens appellent le *principe d'incertitude*.
Ce principe se retrouve partout, il fait partie de notre perception du monde. Le peintre illusionniste Isia Leviant (1914-2006) nous en donne un exemple.

Dans cette image, la perception visuelle court le long des anneaux et nous observons une zone floue de vibration, dans ces anneaux. Si nous regardons fixement un point précis de l'anneau, les vibrations disparaissent à cet endroit précis.

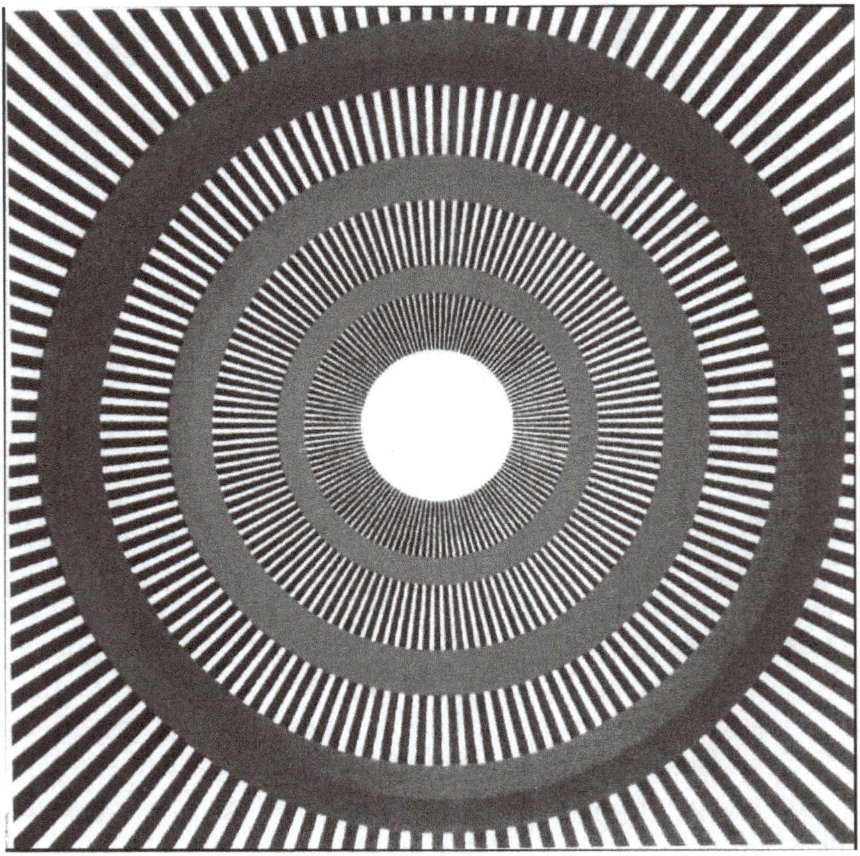

Création Isia Leviant.

La zone MT médio temporale, dite aussi V5, zone du mouvement est activée. On a l'impression de percevoir de la vapeur lumineuse qui tourne à l'intérieur des couronnes. La vapeur n'a pas de forme.

1.6 Une mesure change l'illusion.

L'illusion de Titchener (1867-1927) consiste à présenter un cercle entouré de petits cercles et, sur une autre image, le même cercle entouré de grands cercles. Nous savons que notre système visuel nous donne des informations différentielles c'est-à-dire comparatives. Nous ne sommes donc pas étonnés de percevoir le cercle central plus petit lorsqu'il est entouré de grands cercles et plus grand quand il est entouré de petits cercles.

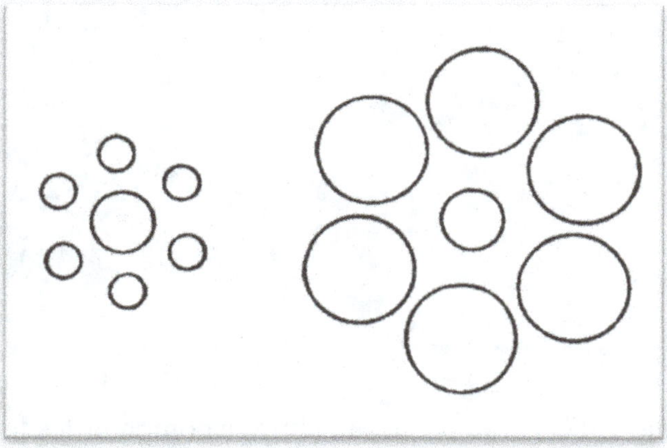

Seulement voilà de quoi être surpris : SM Aglioti, de l'Université de Rome, a eu l'idée, en 1995, de demander à un observateur de saisir les cercles centraux, en utilisant des objets en bois déposés sur une table.
Aglioti a pu alors observer que l'ouverture de la pince, entre le pouce et l'index de la main cherchant à attraper l'objet, était correctement ajustée à la dimension physique du disque central, que ce soit sur l'image de gauche ou de droite, dès le départ du geste du bras.
Ainsi la commande visuomotrice était correcte dès l'ordre enregistré, dès le départ du mouvement du bras, alors que nous sommes persuadés d'avoir affaire à deux cercles centraux de tailles différentes.
Nous sommes bernés par nos perceptions, alors que notre corps moteur ne se trompe pas. Nos réactions corporelles sont fiables, notre perception des choses, victimes de schémas logiques stockés en mémoire, ne l'est pas.

Nos échanges physico-chimiques ont bien lieu avec notre environnement extérieur, quelles que soient les défaillances de notre imagination perceptive, sinon notre corps ne survivrait pas s'il se nourrissait d'illusions.
Contrairement à ce que dit le philosophe Kant (1724, 1804), le monde physique n'est pas hors de portée. Les neurosciences nous montrent au contraire, dans cet exemple simple, l'échange physique direct qui peut exister entre mon corps et le monde physique.

Lorsque les deux ronds centraux sont retirés et mis côte à côte sur une autre table, les deux ronds centraux apparaissent bien de même diamètre.

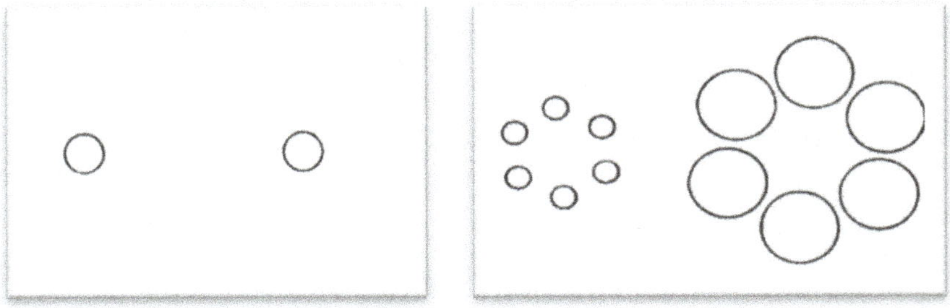

Notre système œil cerveau passe son temps à comparer les formes et les couleurs. Dans chaque figure, la logique binaire répond à une question comparative : le rond central est-il *perçu* plus grand ou plus petit que les ronds qui l'entourent ? Alors que la consigne posée par Aglioti est la suivante : prenez *physiquement* les cercles centraux. Dans chacun des deux cas on s'intéresse à quelque chose de différent, dans le monde perçu et dans le monde physique.

Pour effectuer une comparaison entre les deux cercles centraux, c'est-à-dire une mesure, il a fallu prélever ces deux ronds sur les figures initiales. En effectuant ces prélèvements, c'est-à-dire cette mesure, j'ai changé les figures initiales qui n'ont plus le même intérêt puisqu'elles n'ont plus de rond central.
En prélevant les ronds centraux, je compare des choses qui n'existaient pas avant que je prenne ma mesure.
Une mesure, correspond à un prélèvement et change le milieu.

Remarques sur le chapitre 1.

Essai sur les caractéristiques des schémas quantiques

On remarque que pour observer les illusions d'optique il faut du temps.
Nous vivons dans le couple
lieu-forme, d'une part,
temps-vitesse-énergie, d'autre part.
Le temps, la vitesse et l'énergie qui n'ont ni lieu ni forme, animent l'objet, lui font quitter son lieu et perdre sa forme.

Les *oscillations* sont provoquées par une même représentation qui engendre deux perceptions possibles. C'est le cas du cube de Necker ou du vase-visages. Remarquons que, dans ce cas, l'objet physique n'existe pas car il devrait avoir simultanément deux formes.

La *superposition* concerne plusieurs états superposés de la même chose. Chaque état superposé n'interagit pas avec un autre. C'est le cas des triangles composant l'étoile de David. Les deux triangles peuvent être de dimensions différentes, on pensera encore à une étoile de David, même si celle-ci n'est pas standard.

L'*interférence* est constituée par la rencontre de deux images qui en génèrent une troisième dans notre esprit. Les composants de l'image, les cercles, se trouvent modifiés pour donner une spirale et disparaître de l'image mentale que nous nous en faisons. C'est dans le temps nécessaire au parcours de la figure des cercles concentriques que nait la construction logique illusoire de la spirale, affabulation apportée par notre cerveau gauche qui tente de décrypter les informations apportées par les saccades de l'œil.
C'est aussi le cas de la grille claire et du fond noir de la grille de Hermann. L'œil court le long de la grille, le noir peut évoquer par expérience l'espace infini derrière les étoiles.

L'*intrication* est constituée de plusieurs phénomènes dynamiques qui agissent les uns sur les autres. Avec le triangle virtuel de Kanizsa, lorsque le triangle apparaît, les trois disques noirs sont liés par la cohérence de leurs positions, leurs orientations et leurs dimensions.

L'*incertitude* vitesse et lieu-forme d'Isia Leviant présente une vapeur circulant d'autant plus vite qu'elle n'a pas de forme.

Enfin une *mesure prélevée* sur un milieu change le comportement global de ce milieu. Dans la figure de Titchener, s'intéresser à un seul élément représenté ne tient pas compte de ses relations avec le milieu tel que je le perçois.

Nous allons maintenant retrouver dans le domaine des arts de nombreux schémas de perception et d'action déjà rencontrés avec les illusions d'optique.
Cela est bien naturel puisque les peintres jouent avec les illusions d'optique. Les artistes, en effet, dans leurs arts de la représentation utilisent couramment les phénomènes d'oscillation, de superposition, d'interférence ou d'intrication.

Chapitre 2 Arts

Les hymnes à la vie

« Nous avons l'art afin de ne pas mourir de vérité », a écrit Nietzsche (1844, 1900) dans *La Volonté de Puissance*.
Les arts apportent en effet les degrés de liberté nécessaires à la vie, au-delà de la logique binaire mortifère du positif et du négatif.

Observons-nous pour les représentations artistiques, les types de perceptions identifiées pour les illusions d'optique ?

2.1 Oscillations

Nous voyons dans cette peinture d'Octavio Ocampo, ou bien un portrait, ou bien, sous un portail, à droite, une mère portant son enfant avec sur sa gauche un vieux paysan.

Octavio Ocampo, portrait et personnages.

Nous retrouvons dans l'installation de Vasarely (1906, 1997) à Pecs en Hongrie des cubes de Necker.

Cubes de Vasarely devant l'église Pálosok, rue János Hunyadi, à Pécs, en Hongrie. Image Wiki.

Si Derain (1180, 1954) dans *Reflets du soleil sur l'eau* n'a pas recherché à priori une oscillation de perception, Ottavio Campo et Vasarely en ont fait un jeu, de même que Salvador Dali (1904, 1989) lorsqu'il a représenté en 1940 sa peinture *Marché d'esclaves avec apparition du buste invisible de Voltaire,* exposé à la fondation Gala-Salvador Dali.

Dans les peintures de Picasso (1881, 1973) l'œil du spectateur va de la peinture au trait, des couleurs aux formes, car les couleurs de Picasso peuvent être puissantes et ses dessins merveilleux.

2.2 Superpositions d'états

La superposition des techniques, des ambiances et des motifs contribue à l'image, mais chacun des motifs a déjà son existence propre.
C'est le cas des deux triangles qui génèrent l'étoile de David.

De même, il existe deux centres d'intérêts sur ce nu, l'œil allant de l'un à l'autre et le cerveau reconstituant le personnage. La partie gauche du dessin pourrait exister seule et apparaître compréhensible, la partie droite également.

Dessin de l'auteur. L'adoration.

L'aquarelle de Xavier Tardy nous montre, par sa construction, une superposition des répartitions des lumières et des ombres qui permettent, pour notre culture occidentale actuelle, de construire des volumes d'objets et une profondeur du paysage.

Il n'y au total sur le papier qu'une image mais qui a été composée à partir d'images successives. L'artiste est parti de l'image résultante qu'il avait à l'esprit.
La technique de l'aquarelle a ceci de particulier de travailler en milieu humide. Au départ du travail la feuille est mouillée, l'artiste en profite pour faire ses fonds et ses réserves de lumière. Puis la feuille séchant, l'artiste progressivement précise les contrastes. L'aquarelle est bien faite d'états successifs superposés de lumières, d'ombres, de pénombre, de couleurs et de contours.

M. C. Escher, dans sa lithographie de 1945 intitulée « *Trois Mondes* », montre une carpe nageant au fond d'un étang recouvert de feuilles flottant à la surface de l'eau dans laquelle se reflètent les arbres en lisière. Cette image apporte trois plans superposés. Chaque plan pourrait être un tableau repris tel quel, chacun donnant déjà une impression d'espace, la carpe et les arbres dans le sens vertical, les feuilles dans le sens horizontal.

Les Trois Mondes. M.C. Escher.

2.3 Interférences

Les peintres sont habitués à mélanger des pigments pour obtenir leurs couleurs. Mais mélanger un pigment n'est pas aussi simple que d'additionner les lumières de lampes de couleur. En effet on sait que, dans l'arc-en-ciel, la couleur orange correspond à une fréquence lumineuse intermédiaire entre celle du rouge et du jaune, ou que la couleur verte correspond à une fréquence lumineuse intermédiaire du jaune et du bleu. On sait aussi que la somme des couleurs de l'arc-en-ciel donne du blanc et que l'absence de lumière donne du noir, mais on ne tient pas du tout le même genre de raisonnement avec des pigments. Avec des pigments nous pouvons utiliser, pour le blanc, du blanc de titane et, pour le noir, du noir d'ébène, mais ces derniers ne chantent pas dans un tableau. On utilise alors pour le noir un mélange de pigments.
En peinture acrylique on obtient en effet du noir en mélangeant par exemple des pigments
carmin + terre d'ombre brûlée + émeraude
ou bien
carmin + terre d'ombre brûlée + bleu de titane.
Ces deux noirs sont bien différents et nuancés selon les appréciations du peintre et choisis en fonction de la composition du tableau.
Ainsi on a bien dans le liant acrylique une interférence des pigments de couleur, la résultante qui en surgit n'ayant plus grand-chose avoir avec les pigments constituants.
Nous avons la même alchimie expérimentale chez les céramistes qui préparent eux-mêmes leurs émaux dont les teintes évoluent au cours de la cuisson en fonction de la température et de la composition de l'atmosphère.

Nous avons un autre phénomène d'interférence entre le titre et la peinture d'un tableau. C'est le cas de la peinture d'une pipe par Magritte avec le sous-titre *« Ceci n'est pas une pipe »,* qui apporte soudain au tableau une dimension philosophique.

Cette idée peut être déclinée avec n'importe quel objet, par exemple une banane. Le texte « Cette banane n'est pas comestible » porte l'attention sur le fait qu'une image n'est qu'une image, en l'occurrence une représentation non comestible de la banane.

« Cette banane n'est pas comestible »

Un autre exemple d'interférence d'images est celle de deux jeunes patineurs saisis sur le vif et portés sur la même toile. Leur simple présence côte à côte reconstitue la jubilation de leur ballet.

L'artiste Hernan Zambrano sculpte la lumière.
L'image montre une modulation qui évoque les interférences de Fresnel et crée une profondeur dans l'espace.

L'artiste Will Menter sculpte des installations sonores.

Les objets de bois sont installés sur un ruisseau de montagne. L'eau engendre une symphonie aléatoire en venant frapper les barres de bois qui produisent des sons nés du cœur de la matière. La rencontre des éléments, eau torrentielle, vent et barres de bois, amplifie les dimensions du théâtre de verdure.

Autre exemple. L'interférence de la parole et de la musique engendre une chanson. La musique apporte un espace émotif qui permet de mémoriser plus profondément le poème. C'est le cas en particulier des marches guerrières ou d'une comptine. La rencontre de la musique et de la parole peut engendrer un hymne national ou un souvenir d'enfance qui ont chacun leur vie propre. Lorsque je lis le texte *« Les amoureux sur les bancs publics »* j'entends la voix de Brassens (1921, 1981).

Considérons maintenant les interférences entre différentes parties d'une même image. Regardons le tableau de Georges de La Tour (1593-1652)

Le tricheur à l'as de carreau.

Nous regardons un groupe de joueurs que Roland Barthes (1915, 1980) nommerait le studium, mais, lorsque nous remarquons un point surprenant, l'as de carreau logé dans la ceinture de l'un de joueurs, qu'il nommerait le punctum, ce punctum transforme le tableau. L'un des joueurs devient un tricheur, et soudain les regards des autres joueurs prennent tout leur sens.
Une action s'est nouée, l'un des joueurs va être la victime de ses partenaires, sans nul doute le plus jeune et le plus confiant qui est situé à droite et qui agit sans alliés. Une interférence est née.
Mais cette peinture évoque également un effet d'intrication.

2.4 Intrications, non localité, ubiquité

Dans *Le tricheur à l'as de carreau* de Georges de la Tour, on voit trois personnages jouant aux cartes pour des sommes importantes. L'un d'eux à gauche sort de son dos un as et deux femmes se concertent discrètement, le tout à l'insu du personnage au faciès naïf de droite absorbé dans sa réflexion qui sera la victime de ses comparses.
Il y a intrication des attitudes mentales de chaque personnage. Sans l'un deux, la scène ne pourrait exister. Où a lieu la scène ? Dans les regards des deux femmes, dans l'attitude du tricheur, dans les yeux de quel personnage ? L'ensemble est un tout intriqué. Nous sommes entrés dans un instant de l'action du groupe. La scène a lieu en différents endroits, correspondant chacun à un coup d'œil différent.

Au cinéma, art de l'action, le spectateur est venu rechercher l'ubiquité. Il est dans la salle et ailleurs, il va vivre les aventures les plus audacieuses tout en restant bien en sécurité dans une salle chauffée.
Avec le film *La Rose Pourpre du Caire* de Woody Allen, on rencontre un exemple d'ubiquité manifeste lorsque l'on voit l'acteur sortir de l'écran pour venir rejoindre l'héroïne dans la salle.

Dans le film d'Hitchcock (1899, 1980), *L'Inconnu du Nord Express*, deux inconnus conviennent de se rendre service en éliminant l'épouse de son comparse. Deux intrigues se déroulent en des lieux différents, hors de l'espace et du temps, simplement liées par les termes du contrat entre les deux criminels en puissance. Aucune des deux actions ne peut se dérouler sans l'autre, elles sont intriquées.

Tango sur le vif. Acrylique à l'éponge au cours d'une performance. Kraft marouflé sur toile de l'auteur, 220 x120cm.

Noëlle, trapéziste et danseuse de tango, me disait que son partenaire « *doit faire attention à cinq choses : à la figure qu'il déroule, à la figure qu'il va dérouler, aux réactions de sa partenaire qui le suit ou va le suivre ou qui va lui demander d'exécuter une figure, aux obstacles qu'il est sur le point de rencontrer et bien sûr à la musique.* »

Le passé, le présent et le futur sont intriqués dans l'action.

Il n'y a plus ni lieu ni temps précis dans l'esprit des danseurs.

L'intrication a lieu indépendamment de l'espace et du temps.

Lewis Carroll (1832, 1898) nous montre son héroïne Alice traversant un miroir pour vivre ses rêves.

La non localité est évoquée dans de nombreux tableaux qui nous parlent de choses hors du temps comme l'instant, l'idée que l'on se fait d'une chose ou d'une personne, un passé glorieux, heureux ou triste, la relation entre deux êtres.
Les deux tourterelles regardent leur amour dans le miroir, elles contemplent en fait leurs symétriques qui sont dans un espace virtuel.

Tourterelles au miroir. Acrylique de l'auteur 120x120cm.

La céramiste Cécile Fouillouze nous dit dans ses rêves
« Mon corps est ailleurs, il peut se dématérialiser ».

La céramiste Colette Robin nous dit dans ses évocations
« Mon esprit est ailleurs, même si mon corps est bien là ».

2.5 Incertitudes

Les incertitudes apparaissent sur le lieu et le temps de la scène.

L'exécution d'une salsa. Acrylique sur le vif, éponge, feutre, kraft marouflé sur toile, 120 x100cm de l'auteur.

Les impressionnistes ont cultivé les contours flous qui apportaient une perception du vivant.
Les contours de ces danseurs de salsa ne sont pas nets mais multiples. Certains traits sont en blanc, d'autres à l'encre de Chine, d'autres à la peinture acrylique jetée à l'éponge.

Les traits qui dessinent ce jongleur sont présents ou absents, physiques ou virtuels. Les traits virtuels permettent au cerveau de retrouver une liberté pour imaginer le mouvement.
Le jongleur m'expliquait qu'il simulait le lancement d'une balle qu'il n'avait pas dans sa main pour faire percevoir un jeu de balles qui n'existe pas.

Cette femme se repose dans un oléoduc,
elle glisse légèrement,
sa position est incertaine.
La situation est telle que nous nous attendons à un glissement.

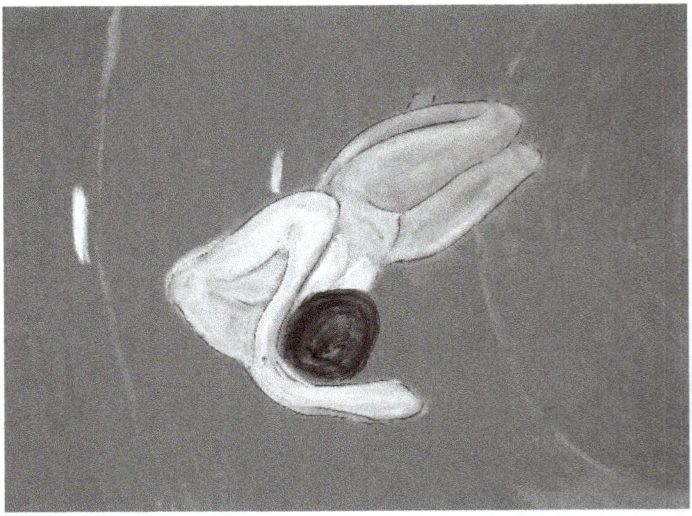

Femme dans un oléoduc

Les voix de castra, de contre-ténor, ou de haute-contre, évoquent une voix androgyne qui laisse perplexe l'auditeur d'un enregistrement.
Elles intriguent par leurs timbres étranges et leurs prouesses de virtuosité.

Farinelli, (1705, 1782), castra.

2.6 Une mesure change le milieu

Le chimiste Chevreul, directeur de la manufacture des Gobelins en 1820, se vit retourner une tapisserie au motif que son noir ne semblait pas noir. Chevreul fit des recherches sur ses teintures et se rendit compte que le noir en question changeait d'aspect en fonction des autres couleurs qui l'environnaient.
Ainsi il établit que, lorsque l'on met une tache verte à côté d'une tache orange, le vert semble plus bleu et l'orange plus rouge. Autrement dit, le système œil cerveau a tendance à supprimer la couleur commune qui est le jaune, c'est-à-dire que le système œil cerveau traite bien par comparaison deux taches de couleurs présentées l'une à côté de l'autre. On comprend alors que le noir puisse changer d'aspect au voisinage d'une autre couleur puisqu'en teinture ou en peinture les couleurs sont obtenues par le mélange de différents pigments.
Une couleur analysée hors de son milieu n'a plus la même teinte.

Un coquillage que l'on sort de l'eau, c'est-à-dire de son milieu naturel n'a plus la même couleur.

Une pièce de théâtre sortie de son contexte historique perd toute sa force.

Remarque sur le chapitre 2

L'interdépendance des qualifications

Dans *L'exécution d'un tango*, page 80, le couple et la musique nous séduisent comme un ensemble. Mais il y aussi y a un couplage d'impressions entre le danseur et la danseuse, une oscillation allant de l'un à l'autre, le futur impactant le présent. Il y a intrication dans l'espace mais aussi dans le temps.

Dans le *Dialogue des corps*, dessiné et peint sur le vif, à l'éponge et au feutre, pendant une performance,
on observe à la fois une incertitude sur le trait, une intrication de la couleur et du trait,
des traits virtuels, des oscillations entre les traits du dessin et les taches de peinture, la perception des uns chassant la perception des autres.

Dialogue des corps.

Autant les domaines des illusions et des arts semblent proches, autant le domaine des sciences physiques est tenu pour éloigné de ces derniers. Cependant nous y rencontrons les mêmes schémas de perception des phénomènes.
Au XXe siècle c'est la physique de la matière qui a mis en avant ces schémas. La matière est en effet sujette au hasard, elle est à la source de la vie biologique d'où nait l'esprit qui s'exprime dans l'art.

Chapitre 3 Physique

L'exploration de la matière

Benjamin Franklin (1706, 1790) étudie l'électrostatique, Ampère (1775,1836) l'électricité et Maxwell (1831,1879) l'électromagnétisme. Marie Curie (1867, 1934) observe le phénomène de la radioactivité de l'uranium dans lequel on voit un métal s'écouler en énergie. Einstein (1879, 1955) calcule l'équivalence entre masse et énergie.
Avec la bombe atomique le grand public comprend que des transferts intenses d'énergie ont lieu sans support matériel, on parle d'onde de choc : le temps est fini de la nécessité des épées pour porter des coups ou des bûchers pour brûler les chairs. L'onde radioactive suffit.
Mais, lorsque l'on dispose d'un compteur Geiger (1882, 1945), on entend des crépitements qui suggèrent la présence de corpuscules.
Comment concilier ces deux constatations ?
L'énergie semble donc se propager à la fois sous forme d'ondes et sous forme de corpuscules.

L'énergie est étrange, nous la sentons mais nous ne la voyons pas, ne la touchons pas et ne savons pas la mettre en boite. Pourtant nous savons empiler de la matière et nous savons que la matière peut se transformer en énergie dans la bombe atomique ou dans les centrales nucléaires.

Pourquoi les images d'ondes et de grains de matière nous viennent à l'esprit pour expliquer l'énergie en mouvement ? Parce que les physiciens ont un corps comme tout le monde et que leur cerveau convoque d'abord dans leur mémoire des images mécaniques simples pour expliquer les phénomènes auxquels ils assistent.

Pour représenter le rayonnement électromagnétique, nous avons actuellement deux modèles qui sont le modèle ondulatoire et le modèle corpusculaire.
Ces deux modèles nous sont, contre toute logique traditionnelle cartésienne, simultanément nécessaires.

Il faut cependant garder à l'esprit qu'il ne s'agit que de modèles du rayonnement, deux manières de représenter une seule et même chose, deux manières de représenter un rayonnement électromagnétique. Nous considérons l'hypothèse onde ou corpuscule selon qu'elle est plus commode pour expliquer les phénomènes que nous percevons.
Il faut savoir que le flux énergétique ne se transforme pas en onde ou en photon suivant la situation qu'il rencontre. Ces images ne sont qu'une simplification humaine de la réalité pour la rendre compréhensible.
On peut considérer un rayonnement électromagnétique comme une onde ou un corpuscule, de même que l'on peut voir un cylindre comme un cercle ou comme un rectangle suivant l'angle d'observation que nous choisissons. Il se trouve en effet qu'un modèle peut expliquer un certain phénomène tandis qu'un autre modèle ne donne pas d'explication satisfaisante. Dans le cas de notre cylindre, le modèle « cercle » permet d'expliquer pourquoi le cylindre roule sur une pente et le modèle « rectangle » explique pourquoi le cylindre ne roule pas dans une pente mais peut passer dans une petite ouverture.

Examinons les différents schémas de représentation utilisés en physique du rayonnement électromagnétique qui nous viennent de la vie courante. Ils ont suscité un grand émoi dans une profession attachée à la logique binaire. Mais il n'y a aucune raison pour que la nature suive les lois de la logique binaire réductionniste de Monsieur René Descartes (1596, 1650). Mais les physiciens et les mathématiciens en avaient pris l'habitude et ont dû déchanter.
Examinons les manifestations de ce monde qui, loin d'être étrange, nous est naturel, puisque nous y retrouvons nos habitudes de pensée créatrice d'enfant et de poète.

Enfin n'oublions pas que Niels Bohr (1887, 1962), qui a promu la théorie quantique, a été l'élève du physicien Ernest Rutherford (1871, 1937), mais aussi du philosophe danois Harald Höffding (1843, 1931) qui soutenait qu'aucun état mental ne peut exister en lui-même indépendamment des relations qu'il entretient avec l'état mental de son interlocuteur, autrement dit qu'un objet est indissociable du moyen qui l'étudie.

3.1 Oscillations

Max Planck (1858, 1947) imagine en 1904 que l'énergie n'est pas continue mais se transporte par quanta. Il reprend l'idée de Démocrite (-460, -370) qui disait que la matière était constituée de petits grains. Aujourd'hui la théorie quantique est celle d'un monde aléatoire. Le quantum d'énergie est un oscillateur allant d'une position à l'autre, d'un état d'énergie à l'autre.

La meilleure image que nous puissions évoquer dans ce cas est celle d'une petite masse au bout d'un ressort fixé sur une table qui n'en finit pas d'osciller.

De plus un oscillateur ne peut avoir n'importe quel niveau d'énergie. Ainsi un électron en orbite autour du noyau d'un atome se trouvera à des niveaux bien précis. Quand il recevra de l'énergie il sautera sur une orbite supérieure et il reviendra spontanément sur une orbite de niveau inférieur en libérant de l'énergie sous forme de lumière. Chaque atome émet donc des raies de lumière à des fréquences bien précises qui constituent sa signature lisible sur un spectromètre. Nous connaissons ainsi la composition des étoiles. Sur Terre nous analysons la composition des alliages métalliques de cette façon.

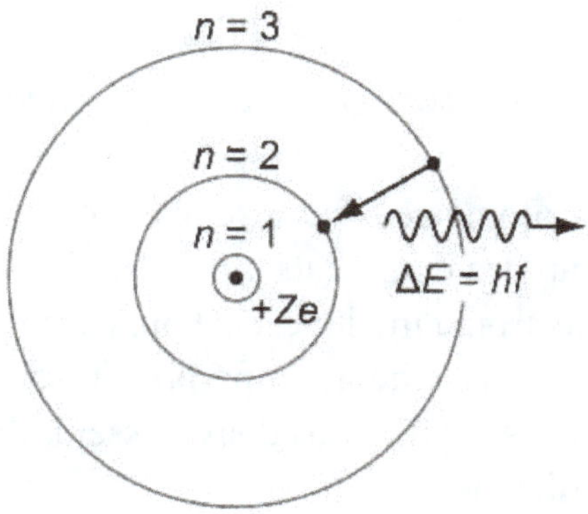

3.2 *Superpositions d'états*

Selon Niels Bohr, une particule quantique (atome, molécule, proton, spin, etc.) est dans tous les états possibles à la fois, chacun des états étant affecté d'une certaine probabilité d'exister. Cela concerne les données observables comme la position, la quantité de mouvement, la valeur du spin, l'énergie.

Ce n'est que lors d'une observation et d'une mesure que l'un des états apparaît. La superposition quantique permet d'expliquer des phénomènes dans lesquels on constate la présence d'un état complémentaire de l'autre (par exemple l'expérience d'Aspect qui permet de constater des spins complémentaires). Le spin est une des propriétés des particules, au même titre que la masse ou la charge électrique. Comme d'autres observables quantiques, sa mesure donne des valeurs discrètes (+1/2, -1/2, etc.) soumises au principe d'incertitude. Il est souvent assimilé au moment cinétique ou à la rotation d'un astre sur lui-même.

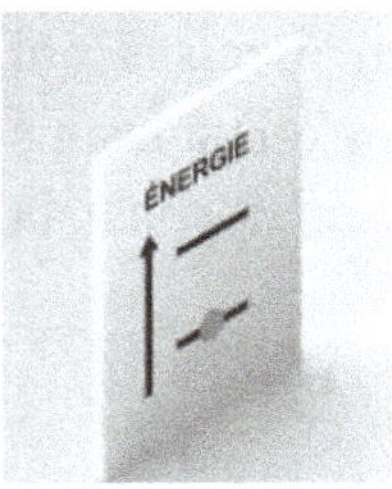

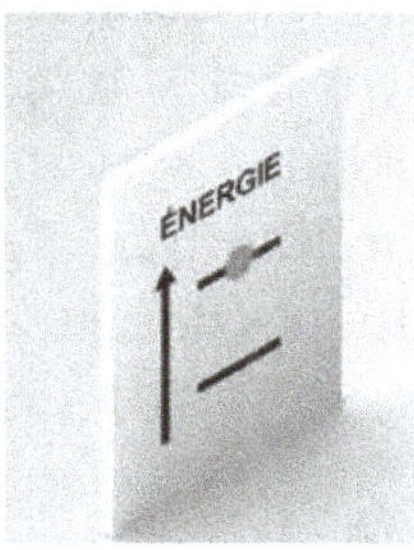

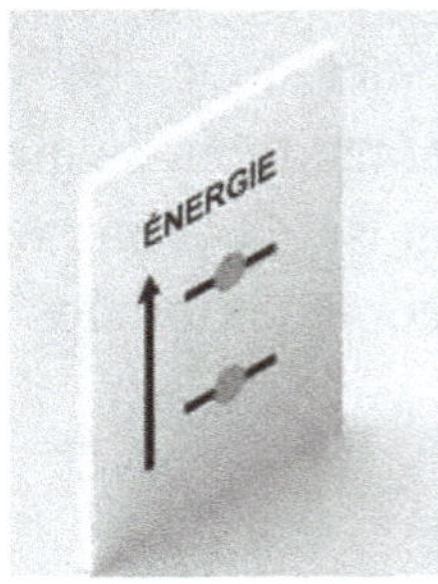

Autre exemple : un atome peut être excité **et** non excité. Si on le mesure on ne verra que l'un des deux états à la fois, aléatoirement. Lorsqu'on envoie une onde électromagnétique à la bonne fréquence l'atome oscille entre l'état excité et non excité. La superposition d'état disparaît au bout d'un certain temps, les oscillations disparaissent, l'atome est alors dans **un seul état aléatoirement**.

3.3 *Interférences*

L'interférence de deux phénomènes est une notion familière car nous la voyons à l'échelle macroscopique au bord d'un étang dans lequel nous avons jeté une pierre. Si nous installons à la surface de l'eau un panneau percé de deux ouvertures nous voyons les ondes de l'eau se propager au travers ces deux ouvertures formant deux réseaux d'ondelettes qui vont se rencontrer. En se rencontrant les ondelettes vont s'additionner ou se soustraire. En effet, en tout point de la partie de droite de la figure, les deux ondes issues, l'une de la première ouverture, l'autre de la seconde ouverture, n'ont pas parcouru le même chemin, ce qui fait que leurs ondulations s'additionneront ou bien se soustrairont.

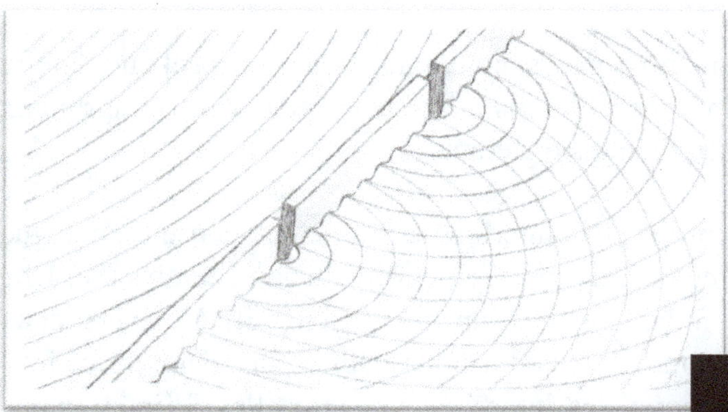

Il se trouve que Thomas Young (1773, 1829) a fabriqué en 1801 un dispositif comparable avec de la lumière et qu'il a vu apparaître des raies de lumières noires et blanches. Ces interférences ont fait apparaître la nature ondulatoire de la lumière.
Lorsqu'au XXe siècle on a obtenu des interférences avec des électrons, atomes ou molécules, il a bien fallu alors constater que la matière avait une nature ondulatoire et qu'une onde était équivalente à un grain de matière en mouvement dit quanta. On parle alors d'optique quantique et ondulatoire. Nous retrouvons la notion de superposition d'état de la matière corpusculaire et ondulatoire.
La matière apparaît ainsi constituer une forme d'énergie.

3.4 Intrication, non localité, ubiquité

L'expérience d'Alain Aspect, de l'Institut d'Optique à Orsay, entre 1980 et 1982, a permis de mettre en évidence l'intrication des états de la matière et le principe de non localité de ce phénomène.
Deux photons intriqués sont envoyés dans deux chemins différents. A l'arrivée il y avait corrélation entre l'état quantique des deux photons au niveau de deux détecteurs pourtant distants de dizaines de kilomètres.
Cela a été interprété comme une interdépendance instantanée entre deux particules pourtant géographiquement très éloignées. C'est le phénomène dit d'intrication des états de la matière.

Ce résultat n'est pas surprenant si nous considérons l'aspect ondulatoire de la matière. Nous considérons alors une seule onde empruntant simultanément deux chemins différents.

Nous avons vu, à propos des interférences, quelque chose d'analogue qui nous oblige à considérer globalement le phénomène observé. Une onde progressive à la surface d'un étang générait, à travers deux ouvertures, deux sources d'onde cohérentes, dans deux directions différentes pour générer des interférences entre elles. L'interférence implique une cohérence des sources qui nous oblige à regarder le phénomène globalement.

Que dire en physique de notre image mentale qui correspondrait à la notion d'ubiquité ?
Dans le monde de la microphysique, seul l'état de la particule, après la mesure, a un sens physique. Cette interprétation renie donc formellement toute formulation du genre « plusieurs endroits en même temps ». Par contre chaque état peut exister, mais avec des probabilités différentes.

Dans le monde de la macrophysique une mesure est une perception.

3.5 Incertitude

On ne peut connaître avec précision à la fois la vitesse et la position d'un corps que ce soit à l'échelle macroscopique ou à l'échelle subatomique au niveau d'une particule.
Lorsque vous voyez un véhicule sur la route vous cherchez à évaluer sa vitesse, pour cela, il vous faut du temps et vous ne voyez pas nettement la forme du véhicule. Quand vous voulez suivre des yeux le véhicule pour mieux observer sa forme vous ne voyez pas l'environnement et vous n'évaluez plus la vitesse du véhicule avec précision.
De même si je suis dans une voiture et que je veux photographier le paysage, ou bien j'aurais sur ma photo un premier plan flou et une meule de paille aux contours nets, ou bien un premier plan net et un paysage complètement flou. Le premier plan et le paysage ne défilent pas à la même vitesse. Si mon appareil de photo bouge à la vitesse de l'objet ses contours seront nets. Heisenberg (1901, 1976) a établi la relation suivante :
incertitude sur la position X incertitude sur la vitesse = constante.
On obtient ce résultat en portant dans l'équation d'une onde progressive les équations de la relativité, c'est-à-dire en disant que les variables masse, temps et position sont liées.

3.6 Une mesure change le milieu

Comment sentons-nous le parfum des oranges, de la naphtaline, de l'essence ? Tout simplement parce que ces corps émettent des molécules que nous respirons et analysons avec notre bulbe olfactif situé en arrière du nez. Tous les corps sont entourés de leur vapeur qui se trouve être plus ou moins dense. Pour enrichir une feuille de métal avec des atomes d'or, il suffit de mettre en contact cette feuille de métal avec une feuille d'or car les ions d'or migrent alors vers la feuille de métal.

On comprend donc qu'en physique subatomique un instrument de mesure puisse apporter des éléments perturbateurs au milieu qu'il tente de mesurer. Ces éléments peuvent être des molécules, des atomes, des ions, des quanta d'énergie sous forme de particules ou d'onde.

A notre échelle humaine de la macro physique, au contraire, nous considérons l'instrument de mesure comme étranger au milieu que nous mesurons. Ce n'est pourtant pas toujours totalement vrai.

Ainsi un appareil de radiographie brûle les os dont il est censé mesurer l'ostéoporose et c'est pourquoi il ne faut pas en abuser. Un appareil censé mesurer la résistance des matériaux, par exemple le fluage d'une barre de métal, détruit la barre de métal. Un chromatographe décompose un corps complexe pour en faire l'analyse. Un microscope électronique bombarde d'électrons une cellule vivante qu'il doit permettre d'étudier. Mais un bombardement d'électrons n'a jamais vraiment aidé une cellule vivante à vivre.

En effet, le dispositif expérimental réalisé en laboratoire est rationnellement construit par le chercheur en fonction des hypothèses qu'il veut tester. « Les instruments ne sont que des théories matérialisées. Il en sort des phénomènes qui portent de toutes part la marque théorique ». « Rien n'est donné, tout est construit » selon Gaston Bachelard (1884, 1962). L'expérience en laboratoire n'est donc pas la réalité physique à l'état brut.

Remarques sur le chapitre 3

Le double aspect de la matière

Nous disons avoir découvert au XXe siècle le comportement de la matière. Ce comportement nous paraissait étrange compte tenu de notre culture, de notre conception d'un monde maitrisé, de la physique newtonienne que nous pensions irréfutable du fait de ses succès en astronomie.
Il a donc fallu imaginer de nouveaux schémas pour expliquer la radioactivité, l'équivalence de la matière et de l'énergie, les raies spectrales du rayonnement des corps, les interférences lumineuses, les crépitements d'un compteur Geiger, les semi-conducteurs.
Deux principales théories se sont affrontées alors qu'elles sont en fait complémentaires : celle de la relativité d'Einstein qui introduit la notion de temps comme variable inhérente à l'espace et celle de la mécanique quantique et ondulatoire de Bohr qui introduit la notion de hasard au cœur de la matière.
Il reste encore une évolution conceptuelle à incorporer dans notre culture du quotidien pour nous permettre d'approcher sans effort ces phénomènes.

Comment passe-t-on de la microphysique statistique aléatoire à la macro physique stable ?
Selon le physicien Jean-Pierre Cohen-Addad *« Le passage de la physique quantique à la physique classique s'opère naturellement lorsque les nombres quantiques deviennent très grands conduisant à une continuité qui ne nécessite plus de quantification. »*
« Les résultats de la mécanique quantique sont bien vérifiés à l'échelle macroscopique tous les jours avec les lasers, les pacemakers, les IRM, les LED, et tous les appareils électroniques qui utilisent des semi-conducteurs qui nous sont bien utiles en médecine. »

Nous devons prendre acte de ces résultats que nous devons intégrer dans notre culture postmoderne.

Le lieu et le temps sont complémentaires, notre système visuel comporte deux voies, l'une pour la forme intemporelle, et l'autre pour le mouvement qui dilue la forme. Il est normal que notre système biologique se soit adapté à cette contrainte de la physique fondamentale constituée d'espace et de temps.
Cette idée a donc été naturellement reprise par le sémiologue Roland Barthes, dans *La Chambre Claire*, reprise qui distingue sur une photo, selon ses termes, le *punctum* qui est une forme, et le *studium* qui est l'environnement, c'est-à-dire l'espace d'évolution de la forme.

La première étape conceptuelle que nous avons franchie est de prendre acte de la double nature de la matière telle que nous la percevons comme, d'une part une onde énergétique donnant naissance aux phénomènes d'interférence, visibles dans la plage de fréquences à laquelle notre œil est sensible, et d'autre part un grain d'énergie, audible aux crépitements d'un compteur Geiger.
Les schémas dynamiques de perception et d'action que sont l'oscillation, la superposition, l'interférence, l'intrication, l'incertitude, le fait qu'une mesure change le milieu, résultent tous de cette double nature.
Ceci explique que l'on puisse hésiter au premier abord entre les schémas explicatifs des phénomènes.

La « pensée quantique », au sujet de la matière, nous a d'abord paru étrange parce que nous avons été formatés par plusieurs siècles de cartésianisme simpliste binaire.

Notre esprit utilise les schémas de perception rencontrés en phénoménologie de la matière que nous venons de décrire. Ces schémas sont dans notre cerveau. C'est pourquoi nous retrouvons ces schémas dans d'autres domaines de pensée. Ainsi en psychologie, nous savons que le psychothérapeute Milton Erickson (1901, 1980) utilise largement la notion de superposition d'état de conscience, de même que le père de la psychanalyse, Sigmund Freud (1856, 1939), utilise largement la notion d'interférence entre l'inconscient et l'acte conscient.

Chapitre 4 Psychologie

L'équilibre des activités mentales

Comment exprimer le fait psychique composé de réactions archaïques, d'émotions, et de pensées élaborées ?
Nous passons notre temps à projeter dans la nature nos attentes et nos manières de voir, selon David Hume (1711, 1776), *Dialogues sur la religion naturelle, Chapitre 11.*
L'amour est ineffable, la mort est indicible, le néant impensable, selon Jankélévitch (1903-1985), *Le Je-ne-sais-quoi et le Presque-rien. Chapitre Premier, Deuxième Partie, Paragraphe 10.*
Nous nous contenterons d'exprimer les configurations de ces faits dans l'univers non logique, non binaire, qui est le nôtre au quotidien.
Nous ne sommes pas, en effet, des automates ni des ordinateurs, fussent-ils perfectionnés.

4.1 Oscillations

L'animal hésite sur la décision à prendre en face d'un prédateur : attaquer, fuir ou bien, si les deux hypothèses présentent un risque comparable, ne rien faire, c'est-à-dire disparaître, se cacher au mieux, sans mouvements, rester immobile, en attendant l'évolution de la situation. Le choix n'est donc pas binaire mais ternaire.
Cette attitude permet d'éviter une oscillation mentale entre les deux premières hypothèses, le temps perdu en oscillation pouvant être fatal face au prédateur.
Ainsi les chasseurs de nos campagnes européennes ont constaté qu'un lapin pouvait s'aplatir dans un buisson en retenant son odeur de sorte que les chiens passent à côté de lui sans le remarquer.
Un jour j'étais dans une ligne de chasseurs remontant une allée.
Je me retourne soudain et voit derrière moi au milieu de l'allée, un lapin qui avait entrepris de la traverser. Il est resté comme moi, figé une seconde dans sa course. Nous étions interloqués tous les deux de la

situation. Le temps que j'épaule mon fusil, de deux bonds il s'est évanoui derrière un arbre salvateur sur l'autre bord de l'allée.
Le lapin, qui passe pour un demeuré, a néanmoins une conscience, des hésitations, et prend des décisions.

Nous pouvons également osciller dans une décision, non au niveau de l'action à entreprendre mais des critères de choix à retenir.
De quels critères dois-je tenir compte pour retenir un candidat à ce poste de mon entreprise ?

4.2 Superpositions

Nous vivons quotidiennement des superpositions de sentiments contradictoires ou paradoxaux.
Milton Erickson décrit des états de superposition de conscience dans lesquels la focalisation de l'attention n'absorbe pas totalement l'esprit d'un individu. Ainsi je peux très bien être à mon travail, tout en sachant que c'est moi qui le fait, en entendant les bruits de fond de la rue lesquels, s'ils disparaissaient totalement, m'inquiéteraient, et savoir qu'il faut que je termine tôt pour aller chercher ma fille qui va m'attendre à la sortie de l'école.

Pour bien danser, les nouveaux partenaires doivent prêter simultanément attention à beaucoup de choses : la musique, l'intelligence d'écoute du partenaire, ses possibilités physiques, la figure suivante, l'espace environnant proche pour ne pas heurter d'autres danseurs. C'est seulement lorsque tous ces facteurs seront intégrés que l'ivresse de la danse viendra.

L'attention précède la conscience, je ne peux focaliser totalement mon attention sur un seul point de l'environnement sans prendre de gros risques. La conscience est une relation entre moi et l'objet, moi et l'autre, moi et l'environnement, afin d'assurer ma survie.

J'ai conscience que c'est moi qui pense et qu'un objet est là. Je sais que la seule présence de cet objet me change chimiquement en déclenchant en moi les mesures de survie, mon cœur battant plus vite, mon sang se coagulant, mes endomorphines me faisant ignorer les douleurs des blessures à venir.

Il y a en moi une superposition d'états d'attention quand j'entends mon nom dans le brouhaha d'une conversation.

Il y a en moi des superpositions d'images. Un champignon, une tomate, l'olive, la banane, l'avocat, l'ail, le persil, l'amande, sont-ils un fruit ou un légume ? Ou bien ni l'un ni l'autre ?

On ne sait pas d'avance quel signal mémorisé, parmi tous ceux engrangés, réactivera la mémoire. Cette scène des canards accourant puis attendant m'a rappelé soudain le contexte d'une époque oubliée.

Nos motivations sont une superposition des motivations archaïques, émotives ou rationnelles. Lorsqu'un alpiniste dit être enthousiasmé de vaincre les cimes vierges, parle-t-il de cimes vierges féminines ?
Il a le souvenir des ascensions de son père, et dit rester en forme.
Lorsque je pense à une femme, j'active une superposition de souvenirs de différentes rencontres, de la femme dans ses fonctions multiples en relation avec ses différents environnements.

Mon patron me dit quelque chose mais son visage et ses gestes me disent autre chose. Ses mots sont chaleureux mais il m'accueille avec des doigts en forme de revolver.
Ses gestes le trahissent. Sa parole est diplomatique pour tenir compte des contraintes qui le gênent. Deux états psychologiques l'habitent, et peut-être d'autres supplémentaires, par exemple la sympathie, la crainte ou l'estime professionnelle.

4.3 Interférences

L'interférence brutale dans l'environnement d'un élément inattendu peut susciter un sentiment de terreur chez un adulte et a fortiori chez un enfant qui se sent cerné.

Hernan Zambrano. Huile.

L'interférence d'états de conscience, conscients ou inconscients engendre un sentiment de bonheur ou de malaise.

4.4 Intrication, non localité, ubiquité

Aurélien Ponroy, pseudo Osnek, dessine comme Ernest Pignon Ernest sur les murs des rues des scènes vivantes éphémères. Les affiches qu'il a collées sont parfois taguées ou arrachées par des passants dès le lendemain.

Dans l'image présentée, le message de cette jeune génération me semble visuellement exprimé.
« Je ne veux pas de vos conventions dépassées.
Je suis à part.
Mais j'ai terriblement besoin de communiquer et d'être accepté chaleureusement.
Où est donc passée ma tribu ? »

Oznek. L'homme à la casserole. Dessin dans la rue.

Au hip hop ma danse est une joie,

au point de danser sur la tête.

Je danse pour moi, mais aussi pour les autres ; seul, sans musique, je ne danserai pas dans cette transe.
L'enfant du quartier est intriqué à son quartier qui est son écosystème.
L'intrication s'effectue à travers le temps et l'espace.
Ainsi ce souvenir me donnait l'impression de redevenir enfant.

La nostalgie concerne le temps mais aussi l'ailleurs. En musique le rythme est un indicateur essentiel. Le rythme de la nostalgie est lent, il est celui de l'adagio, du blues, des berceuses. La nostalgie peut être aussi réveillée par l'écho, la forme musicale du canon, la répétition du bébé « papa maman ». Le trompettiste Louis Armstrong (1901, 1971) nous a joué et chanté *Sometimes I feel like a motherless child.*

La publicité du Bébé Cadum jouait avec cette nostalgie du souvenir d'un bébé. Nous pouvons nous sentir transportés dans un autre temps.

Le professeur de chinois Florent Chapot témoigne de l'intrication des niveaux d'attention entre le professeur et ses élèves en me disant :

« Si les élèves ne suivent pas le cours, le professeur fait mal son cours, si les élèves suivent le cours, il existe alors un état de transe collectif entre le professeur et les élèves ».
Nous sommes dans un cas de proximité physique entre le professeur et ses élèves, mais j'ai aussi vécu à Paris une audio conférence avec Madrid, dans le cadre d'un congrès international, dans laquelle l'attention des participants congressistes espagnols se manifestait à Paris par les questions qu'ils posaient.

Enfants attentifs.

On observe leur immobilité, leur tête légèrement inclinée, leur regard dirigé vers le même point. Ils ont oublié leur contexte matériel. Dans un tel cas les enfants seront capables une heure plus tard de restituer l'histoire écoutée, mais beaucoup d'entre eux seront incapables de dire comment le conteur était vêtu.

4.5 Incertitude

Il y a déjà une incertitude sur le choix des variables à considérer au moment d'une prise de décision qui implique de faire la balance entre différents critères de choix. Ces critères de choix seront retenus par le corps, par exemple ceux de l'émotion ou du raisonnement logique :
« J'ai fait cela parce que je le sentais ainsi, sans raison logique, »
ou bien « Je l'ai fait après mure réflexion, sans états d'âme ».

Notre moi est multiple en interdépendance avec les multiples sollicitations de notre environnement. A tout instant nous pouvons réagir en révélant un nouvel aspect de notre personnalité en fonction des circonstances. Il nous arrive aussi d'avoir des réflexes archaïques inattendus devant la faim, le froid, le plaisir, la menace d'une punition, ou bien des considérations sociales altruistes. De tels chemins secrets et imprévisibles ont été suivis par Charles de Foucauld retiré au désert, Gauguin inventant sa peinture du monde, ou Titus accordant sa clémence à tous les conjurés pour ne pas régner par la terreur. Nous vivons dans l'incertitude de nous-même : je ne sais pas comment je réagirai dans cette situation.

4.6 Une mesure change le milieu

Un seul facteur émotif change la psychologie. Isoler un facteur psychologique dénature la complexité psychique, fait disparaitre les interférences et les intrications.

Dans l'exemple du gorille inaperçu lors d'une partie de basket, évoqué au chapitre 3 de la Ière partie, il y a eu prélèvement d'attention chez les spectateurs du fait qu'il leur était demandé de faire une mesure, à savoir de compter les passes. Il en résulte qu'un événement peu commun a échappé à l'attention de la moitié d'entre eux.

Lorsque l'on utilisait, dans les années 70, des tests psychologiques pour des candidats à un poste d'entreprises, on réduisait tous les candidats à leurs projections sur des résultats obtenus et traités en laboratoire par de doctes psychologues sur la base de statistiques construites à partir d'un nombre limité de critères de choix extraits d'autres situations.
Mais la mode de la psychométrie est aujourd'hui passée et dépassée.
L'analyse graphologique a gardé par contre une place. En effet, le graphologue travaille avec une écriture vivante dans toute sa complexité. Néanmoins un entretien avec le candidat sera nécessaire avant une décision d'embauche.

Remarque sur le chapitre 4

L'approche logique et émotionnelle

Lorsqu'il y a des superpositions d'états d'attention ou de conscience, nous ne sommes pas loin de trouver des interférences, des intrications et des incertitudes.
À tout moment, en effet, des schémas de perception et d'action semblent être potentiellement présents.
Remarquons que ces schémas sont dynamiques, car ils nous permettent de nous adapter à tous les contextes étudiés. Il n'est donc pas étonnant de retrouver ces schémas dans tous les domaines de pensée.

La structure même des neurones ou des groupes de neurones que nous avons examinés en première partie, leurs polyvalences sensorielles pour certains, comme les neurones miroirs, leur aspect de plateforme de concentration et de redistribution, comme chez les neurones grand-mère, leurs cartes multisensorielles, avec les neurones SIP, leur complémentation d'une figure par des traits virtuels, grâce aux neurones de Peterhans, nous laissent présager un type de fonctionnement qui n'a rien d'une logique binaire, mais qui relève plutôt de problèmes de choix entre de multiples informations superposées.
Il n'est pas étonnant d'avoir un processus de construction des connaissances par superpositions, interférences et intrications.

De plus, quand nous savons que notre cerveau s'est construit au cours des âges par strates, schématisées selon Mac Lean (1913, 2007) en trois phases reptiliennes, mammifère et supérieure, ces trois grandes zones interagissant en permanence, quand nous connaissons aussi les grandes tendances des cerveaux gauche et droit, mis en évidence par Gazzaniga, alors il ne nous semble pas étonnant que nous ayons des phases d'oscillations de nos décisions, entre une pensée rationnelle et une pensée sensible.

C'est pourquoi, parmi nos critères de cognition, apparaissent des variables complémentaires, en particulier de temps et de lieu, avec l'incertitude attachée à la définition d'une situation.

Ainsi la théorie de la connaissance ne pourra se développer qu'en tenant compte, entre autres, des schémas de perception et d'action quantiques.

On ne peut s'intéresser à la psychologie sans s'intéresser à la sociologie. L'homme est d'abord un animal social qui ne peut grandir dans l'isolement. Les schémas quantiques de perception et d'action expliquent bien des situations sociales paradoxales.

Chapitre 5 Sociologie

La cohérence d'un groupe

Le comportement social est au cœur de notre compréhension du monde. Le jeune enfant, de quelques années à peine, s'est livré en priorité à cet exercice d'identification de ses relations avec le monde, pour des raisons de survie bien compréhensible. Il commence par se forger une conception du monde et un plan de vie. Alfred Adler (1870, 1937) nous dit que ce premier tableau pourra évoluer avec ses expériences relationnelles. Chacun est en effet face à un fait social, celui du fonctionnement d'un groupe dont il faudra savoir utiliser les règles pour se faire une place. Mais là encore des phénomènes apparaissent hors de toute logique classique.

5.1 Oscillations

Au moment de la prise de décision d'un groupe, on observe des opinions oscillantes et des ambivalences d'opinions. Dans les tranchées en 1917 le contexte social était tel qu'il n'était pas toujours simple de conduire les hommes.

Discussion entre soldats. Etienne Le Roux, 14-18.

On voit aux élections, dans les pays démocratiques, le peuple basculer de la droite vers la gauche et inversement.

Lors de la crise des missiles de Cuba en octobre 1962, John Kennedy constate que des missiles russes vont être pointés sur les USA.
Kennedy ne dispose pas de toutes les informations souhaitables et il doit pourtant prendre une décision d'urgence. Il ne sait pas jusqu'où l'URSS a l'intention d'aller car une armada soviétique se dirige sur Cuba et nul ne connait l'issue des gesticulations successives de Kroutchev. Après la destruction d'un U2 d'observation américain, Kennedy décide en cas de nouvelle agression de bombarder Cuba. Mais la troisième guerre mondiale, nucléaire, est évitée de justesse, lorsque Kennedy offre de retirer ses missiles Jupiter d'Italie et de Turquie et promet de ne plus attaquer Cuba, en échange du retrait des missiles soviétiques.
L'équilibre des forces antagonistes aurait pu être détruit par une oscillation mal contrôlée.
Dans une négociation, comme dans une partie de poker, on est au bord de la folie, dans des hypothèses d'incertitudes insoutenables.

5.2 Superpositions

Tous les pays se sont constitués par une accumulation de populations diverses, d'ancêtres divers et de coutumes et cultures diverses.
A travers ces strates il faut distinguer les moins jeunes et les plus jeunes qui se fixent un rôle en fonction de leurs possibilités.
La Rochefoucauld (1613, 1680) nous décrit avec son humour brutal le rôle social des plus anciens comme suit : « *Les vieillards aiment à donner de bons préceptes, pour se consoler de n'être plus en état de donner de mauvais exemples.* » *(*Maximes, *n°93 ; Pléiade, 1964, p. 415 ; Pochothèque, 2001, p. 134).*

Le statut de la femme est multiple, au centre de la cellule familiale, sur laquelle a reposé et repose l'organisation sociale dans la plupart des civilisations. La femme se trouve être à la fois génitrice, femme, mère, amante, égérie, conseillère, belle-mère, grand-mère, marâtre, tante, cousine, fille, petite fille, âme du foyer et maintenant femme libre, mère seule, chef d'entreprise, femme soldat, avocate, magistrat, policière, médecin.
La superposition de ces statuts multiples a évolué au cours du temps mais la femme a toujours tenu de multiples fonctions, même au temps où elle était réputée reléguée au foyer avant les transformations sociales de 1945 et 1968 qui ont accéléré en Europe son émancipation.

Il existe aussi une superposition de façons d'être. On constate par exemple, dans la fonction politique un éventail d'attitudes de l'homme animal à l'homme politique : certains se comportent en chef de clan, pour assurer leur pouvoir de prédateur, au travers de manœuvres politiciennes à courte vue, d'autres maitrisent leurs émotions, dans une vision à long terme dans l'intérêt de la nation.

Les rêves sont peuplés de dieux qui ont permis de construire des espoirs et de conjurer des peurs. Il n'est pas rare de voir ces dieux assumer simultanément plusieurs tâches.
Prenons le cas de Janus, dieu à deux visages des romains. Il est le dieu des commencements et des fins, des choix, du passage et des portes. Il est représenté avec deux têtes, avec une face tournée vers le passé, l'autre vers l'avenir. Il est fêté le 1er janvier au commencement de l'année. Son temple est situé sur le forum de Rome.

Il est rituellement ouvert en temps de guerre et fermé en temps de paix. C'est un dieu de premier rang, le seul avec Jupiter et Mars à être qualifié de « Dieu le père ».

Interférences

L'interférence de deux cultures peut en donner une troisième. La musique européenne et la musique noire ont donné le jazz, la musique européenne avec la musique algérienne ont donné le raï.

L'interférence entre ma perception et ma culture sociale déclenche en moi un sentiment de joie ou de tristesse, ainsi le noir est une couleur de deuil en occident, alors que c'est le blanc qui est la couleur du deuil en Asie ou en Afrique.

Hernan Zambrano. Huile.
L'interférence de mon corps prolongé par mon trombone avec les marcheurs, ma transe qui me dématérialise dans l'espace, m'entraine avec la foule dans un sentiment de légèreté collective.

Les interférences d'arguments des deux partis principaux de droite et de gauche, l'un se voulant rationnel, l'autre se voulant plus humain et sensible, engendrent dans une démocratie confusion, paralysie et inefficacité, et favorisent l'émergence un troisième parti dit populiste aux arguments plus instinctifs. Deux opinions opposées se neutralisent et laissent émerger une troisième opinion, voire une quatrième si la troisième ne donne pas satisfaction.

5.4 Intrications, non localité, ubiquité

Etienne Le Roux, 14-18.
Dans cette image on voit une colonne de soldats remontant un chemin creux. La survie de chacun d'eux est liée à la solidarité du groupe, à la survie du groupe, leurs sorts sont intriqués.

Les luttes entre groupes sociaux sont l'expression de leur désir de pouvoir. La vie ne peut se développer que lorsqu'un équilibre, même provisoire, entre prédateurs, est assuré.
Les causes d'un déséquilibre entre groupes sociaux ne peuvent être comprises que par une vision globale des causes, vision qui ne peut être construite que dans le temps. Nous avons l'exemple de la situation actuelle de la Palestine, celui du massacre de la St Barthélémy en 1572 gravé dans les sensibilités, et celui de l'incompréhensible révocation de l'édit de Nantes en 1685 par Louis XIV qui a donné des généraux aux noms français aux forces allemandes lors des conflits qui ont suivi. De même les sièges de Vienne par les Ottomans en 1529 et 1683 sont dans la mémoire historique de ceux qui ferment aujourd'hui les frontières de l'Autriche et de la Hongrie aux migrants du sud.
Le monde physique intriqué avec le monde représenté nous donne le monde perçu, c'est-à-dire nos schémas de perception et d'action.

Aurélien Fouillet, en publiant *L'empire ludique*, nous montre que nous vivons dans un monde parallèle.
Fabio La Rocca, en publiant *La ville dans tous ses états*, nous montre que nous vivons dans un monde transfiguré.
Les Cahiers Européens de l'Imaginaire de Michel Maffesoli témoignent de la dématérialisation du monde perçu.

L'effervescence dans un stade de football est un exemple d'intrication des spectateurs dans une même émotion lorsqu'un but est marqué et que l'on voit la moitié des tribunes se lever comme un seul homme en poussant un grand cri de bonheur à la vue d'un but marqué, alors que symétriquement l'autre moitié des tribunes reste assise, muette et consternée.

On voit aujourd'hui, lors de cérémonies religieuses, la foule, comme un seul homme, obéir aux ordres : debout, assis, à genoux, prosternée. Savonarole allumait les buchers de Florence au Quattrocento dans la ferveur et la terreur populaire. Quelques chefs-d'œuvre de la peinture florentine, par exemple des nus d'inspiration mythologique de Botticelli sont portés par le peintre lui-même au bûcher.

Lors d'une harangue politique, on a vu en occident les foules faire le salut fasciste, chanter l'hymne national, crier hourrah, ou à mort. Une culture se prépare dans les écoles.

Salut fasciste à l'école en 1934.

L'histoire des apparitions de la vierge des catholiques est remarquable. Le culte marial a été effacé sous l'influence protestante, puis s'est trouvé être contraire aux principes de la révolution, pour réapparaitre au XIXe sous l'influence du concordat qui réhabilitait l'Eglise.

La Vierge est alors apparue en terre catholique, en de multiples endroits à des enfants et des gens simples. Elle était partout, sous l'effet de la ferveur populaire dans l'attente de messages et de miracles. La Vierge avait des pouvoirs surnaturels, elle était liée à la vie mentale des hommes, immatérielle mais visible par un ou plusieurs privilégiés, mais non par le commun des mortels, en des lieux multiples, comme le fut Apollon dans la Grèce Antique.
Ces élus ont été élevés par l'Eglise au rang de saint, c'est-à-dire d'homme ordinaire élevé au statut magique du surnaturel.
La vénération des saints est un fait social au sens de Durkheim (1858-1917). De même autrefois un seigneur pouvait élever quelqu'un au rang d'aristocrate par sa seule parole en l'adoubant.
Un Président de la République élève quelqu'un au rang de premier ministre par sa seule volonté, l'élevant du statut d'homme ordinaire à celui de notable parmi les notables.
Nos sociétés s'accommodent facilement de la parole magique.

Le but du pouvoir est d'être un pouvoir remplissant l'espace disponible en entier. Le pouvoir est absolu, omniprésent en permanence, délocalisé, doué du don d'ubiquité. Ainsi Rome n'est plus à Rome, la Mecque n'est plus à la Mecque, mais partout.
Je viens d'ailleurs, je suis là, mais aussi là et encore là, je voyage, je migre, je suis partout comme les Dieux, je vois tout. Le Président d'un état se doit de parcourir les territoires pour entretenir une proximité et une communication avec ses électeurs.

Enfin l'affaire de la mort n'est pas réductible à l'individu car elle implique des concepts et une solidarité. Parmi les évolutions marquantes et récentes de notre société nous assistons, à partir de 1970, à la disparition des signes de deuil : disparition des dais noirs à l'entrée des immeubles, disparitions des corbillards, apparition du principe d'égalité qui dit prendre soin de tous, déplacement des cimetières vers la périphérie des villes, ce qui permet une articulation des deux mondes, celui des vivants et celui des morts. On assiste à l'implication de bénévoles officiant aux funérailles pour combler l'appauvrissement d'un rituel et la réduction de l'effectif des shamans.

On est passé d'une intrication du monde des vivants avec celui des morts à une juxtaposition qui n'est même plus une superposition.

5.5 Incertitude

Les incertitudes peuvent porter sur des couples de variables différents.
La liberté et la sécurité en ces périodes de terrorisme font l'objet de débats, l'une étant opposée à l'autre.
La liberté de Pierre-Joseph Proudhon (1809, 1865) dans un système anarchiste supposait la sécurité, ce qui expliquerait que les essais d'un tel système n'aient pas tenu, car on ne peut voir cohabiter dans leur totale expression ces deux variables antinomiques.
Nous pouvons aussi constater que quand le politique perd de l'importance, le religieux reprend de l'importance.
Nous voyons également que la démographie galopante des masses et la culture de développement technologique ont du mal à coexister.
Enfin les sciences économiques contiennent des théories contradictoires et l'on frémit lorsque l'on voit à la veille d'élections les croyances s'affronter en se souvenant des résultats obtenus, par exemple ceux des bulles financières, des krachs boursiers ou de la faim dans le monde.

5.6 Une mesure change le milieu

Cette notion est déroutante quand on a été élevé dans une culture cartésienne. Et pourtant, en sociologie en particulier, une statistique est un réductionnisme qui n'est plus le milieu social dans sa complexité et ses interactions. Autant tenter de faire des statistiques sur un orchestre au sujet de sa sonorité et de sa virtuosité en comptant la quantité de notes qu'il produit par minute.
Dans une nation, décider de prendre des mesures à propos de l'une de ses ethnies conduit à l'explosion du corps social. Nous avons l'exemple de l'Allemagne nazie dans les années 1930, de la Serbie dans les années 1990. On commence par recenser les individus, ce qui les déshumanise, en étape préliminaire à une manipulation ou une élimination.

Remarque sur le chapitre 5

Les choses sont ainsi

Les faits sociologiques ont la puissance des marées.
On ne peut, dans le court terme, que les constater et tenter de les comprendre.

Les comprendre relève d'une recherche du fonctionnement d'un système complexe dont les composantes vivantes et intriquées évoluent à des rythmes de vie différents dans un échange permanent d'informations.

Décrypter l'information est une gageure pour parvenir à une réalité physique des événements sociaux.
La radio, la télévision, la presse généraliste, contrôlées par les organismes gouvernementaux, offrent l'information en s'efforçant de toucher tous les publics, et apparaissent comme des outils de normalisation et de manipulation. Il n'est donc pas paradoxal qu'il soit dit cyniquement que seule l'opinion du peuple donne une légitimité à ses élus.
Internet au contraire satisfait une demande d'information d'un univers segmenté et communautaire. Cette liberté pour chacun d'accéder au réseau se trouve limité par la puissance normalisatrice de Google, Facebook, Apple, Windows. Tout le monde envoie des messages, mais qui écoute ? Nous sommes dans le monde des solitudes interactives.
En effet, la vitesse de l'information est contradictoire avec la lenteur de la communication.
Vivre c'est aussi éteindre son ordinateur et donner rendez-vous à quelqu'un qui n'appartient pas au monde virtuel pour bénéficier de l'échange biologique multisensoriel de la communication.

Ce qu'il y a de remarquable est que nous assistons à une superposition des flux d'informations.

Parfois ces flux peuvent interférer quand deux informations synchrones se superposent, par exemple l'information en provenance du pouvoir et celle d'un lanceur d'alerte.
Le mensonge collectif est alors mis en défaut, une nouvelle information est apparue qui met en évidence la nécessité de réformer le système.
Un nouveau système de pratiques intriquées du pouvoir se met alors en place avec ses nouveaux flux d'information.

Nous vivons en permanence dans l'incertitude de la consistance des informations reçues.

Isoler une information pour en vérifier sa consistance revient à travailler sur un échantillon qui ne représente pas la complexité du système social qui l'a générée.

On voit ainsi, au travers des exemples précédents, que dans un système complexe social, les schémas quantiques apparaissent naturellement, la présence de l'un d'eux appelant celle des autres.

Remarquons maintenant que les sciences du vivant sont aussi des sciences sociales. Une simple cellule dépend étroitement du milieu dans lequel elle se reproduit, peut se présenter en colonies avec des comportements de solidarité et constituer des associations symbiotiques. Les espèces vivantes, comme les sociétés, coévoluent avec leur environnement.
Le fait fondamental réside dans le fait qu'un système vivant présente des effets de seuil, par exemple une forme, un individu, une espèce, une parole, et qu'il est animé par le hasard.
Nous avons donc des chances de retrouver dans le domaine des sciences du vivant les mêmes schémas de perception et d'action.

Chapitre 6. Sciences du vivant

L'histoire des prédateurs

La cellule vivante ne se développe qu'en prenant son énergie dans l'environnement et en exportant son désordre. Le vivant dès ce stade a le comportement d'un prédateur. Cet échange qui engendre la vie ne se voit pas de l'extérieur. La vie se sent et s'éprouve elle-même dans son intériorité invisible et dans son immanence. Dans le monde nous ne voyons jamais la vie elle-même, mais seulement des êtres vivants ou des organismes vivants, nous ne pouvons pas voir la vie en eux.
Il est impossible de voir la pensée d'autrui avec nos yeux ou de l'apercevoir au bout de notre scalpel. Cependant grâce à mes neurones miroirs je peux imaginer les intentions d'action d'autrui. Par quels schémas de perception et d'action puis-je imaginer autrui ? Dans quel environnement sommes-nous ?
Nous nous contenterons de rappeler, dans le contexte auquel nous sommes soumis quotidiennement, quelques exemples bien connus et qui présentent pourtant les caractéristiques des schémas que nous avons déjà évoqués.

6.1 Oscillations

L'environnement du vivant est oscillant.
Le vivant habite un environnement dont il fait partie.
Or l'environnement tel que nous le vivons est par nature oscillant : les jours et les nuits alternent, les températures oscillent du gel à la chaleur torride, dans toutes sortes de nuances suivant les saisons et les lieux géographiques. De nombreux arbres perdent leur feuilles l'hiver pour en créer d'autres et se développer au printemps.
L'homme a tendance à dormir la nuit et à rester actif le jour ce qui lui permet de profiter des températures et de la lumière de la journée. Son équilibre chimique et son profil d'activité cérébrale sont adaptés à chacune de ses phases nocturne et diurne.
Les êtres vivants ont évolué avec leur environnement, de la bactérie aux vertébrés supérieurs, vers une adaptation aux conditions climatiques de ces cycles.

Cycle quotidien des températures au sol.

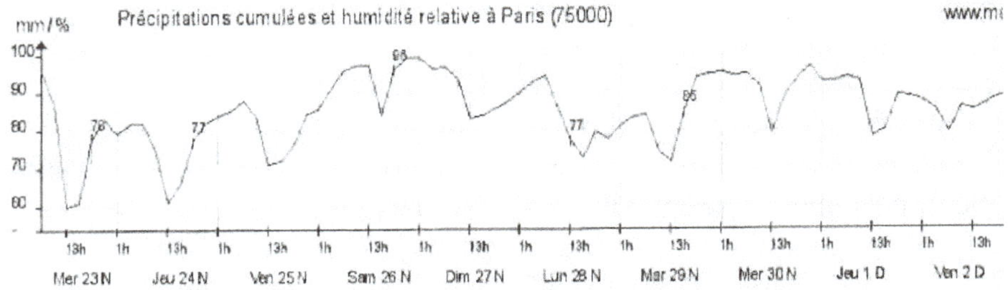

Les transformations de l'azote se présentent aussi suivant un cycle dit cycle de l'azote.

Les organismes vivants ont besoin d'azote pour fabriquer des protéines et des acides nucléiques, mais la plupart ne peuvent utiliser la molécule d'azote N2 disponible pourtant à 78% dans l'atmosphère terrestre. Les organismes vivants ont besoin de ce que l'on nomme l'azote fixée, dans lequel les atomes d'azote sont liés à d'autre types d'atomes, comme par exemple à l'hydrogène dans l'ammoniac NH3 ou bien à l'oxygène dans les ions nitrates NO3-. Ils ont donc besoin d'intermédiaires comme les végétaux ou les bactéries.

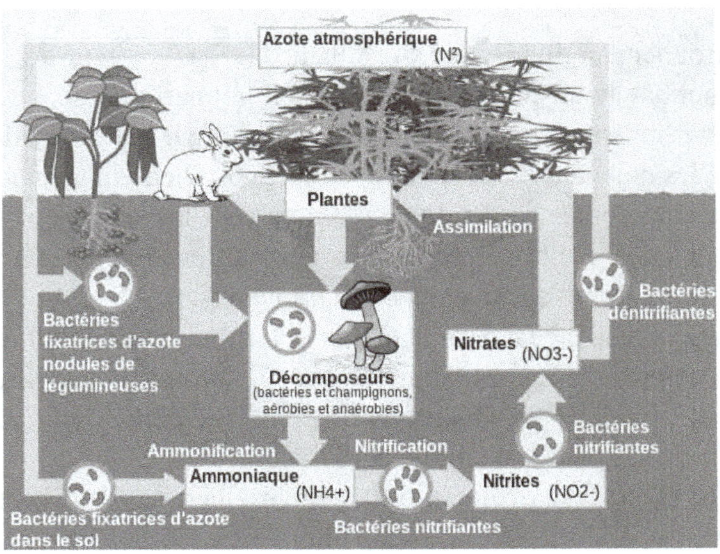

Le cycle de l'azote peut donc être représenté par un mouvement circulaire. Or un mouvement circulaire est équivalent à une oscillation puisque la projection d'un point sur un cercle animé d'un mouvement de rotation est une oscillation, quelle que soit la vitesse à laquelle le cycle est parcouru.

Il existe des cycles très courts, d'autres quotidiens, d'autres plus lents. Chaque cycle évoque une répétition des événements.

Prenons l'exemple d'un autre type d'événements répétitifs. Celui du changement de structure de l'hémoglobine de notre sang qui permet de véhiculer l'oxygène de nos poumons vers nos muscles. Jacques Monod, Jean-Pierre Changeux et Jeffries Wyman ont publié en 1965 une série d'articles à ce sujet dans le Journal de Biologie Moléculaire.

L'oxygène est transporté dans le sang par l'hémoglobine.
Comment l'oxygène est-il embarqué puis débarqué ?

L'hémoglobine a deux structures, l'une tendue, l'autre relâchée, qui lui permettent de prendre en charge de l'oxygène à un endroit et de le relâcher plus loin.

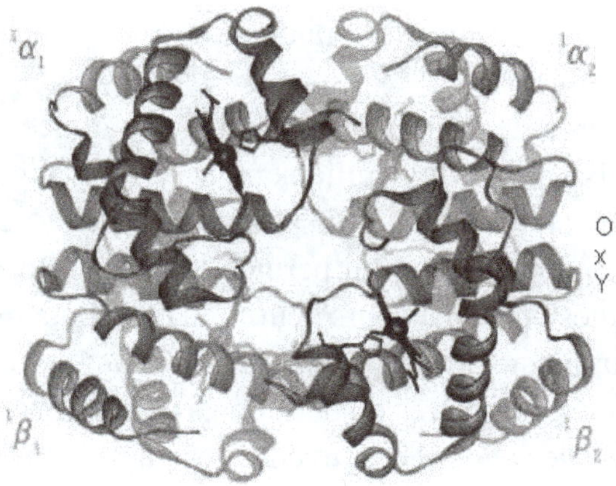

L'hémoglobine désoxygénée (désoxyhémoglobine) présente une conformation dite T, ou tendue, tandis que l'hémoglobine oxygénée (oxyhémoglobine) présente une conformation dite R, ou relâchée.

La forme T a une faible affinité pour l'oxygène et tend par conséquent à le libérer, tandis que la forme R a une forte affinité pour l'oxygène et tend à le fixer. Plusieurs facteurs favorisent l'une ou l'autre de ces conformations. Ainsi, la forme T est favorisée par un pH faible (acide), une forte concentration en CO2 et un taux élevé en 2,3-bisphosphoglycérate (2,3-BPG), ce qui favorise la libération de l'oxygène lorsque le sang circule à travers les tissus, tandis que la forme R est favorisée par un pH élevé, une faible pression partielle de CO2 et un faible taux de 2,3-BPG, ce qui favorise la fixation de l'oxygène lorsque le sang circule au niveau des alvéoles pulmonaires.

6.2 Superpositions d'états

Il existe dans le monde du vivant toutes sortes de superpositions d'états. Certains animaux sont capables de vivre dans plusieurs milieux terrestres ou aquatiques.

La grenouille est un animal qui présente la particularité de vivre simultanément dans deux milieux, l'un aquatique et l'autre terrestre. Elle ne peut se passer ni de l'un ni de l'autre.

Il en est de même de l'anguille, animal d'eau douce, d'eau de mer et terrestre qui a besoin de trois milieux pour vivre. L'anguille adulte a une respiration particulière, aux trois quarts percutanée et pour un quart fourni par les branchies, qui lui permet de ramper hors de l'eau durant quelques minutes voire plusieurs heures en environnement très humide. L'anguille peut ainsi sortir des cours d'eau et ramper dans l'herbe pour gagner des fossés, des mares ou des étangs isolés. En cas d'assèchement d'un point d'eau, les anguilles peuvent ainsi gagner d'autres milieux plus accueillants grâce à leur peau et leur mucus particulièrement résistants à la dessiccation tout en étant assez perméables pour permettre des échanges gazeux importants.

Les animaux les moins évolués sont le siège d'une superposition de comportement stéréotypés déclenchés par des stimuli.
Konrad Lorentz (1903, 1989) a clairement décrit ces comportements chez l'oie, la poule ou la mésange.

L'abeille ne vit que six mois, cependant au cours de sa courte vie elle effectue des dizaines de tâches différentes telles le nettoyage de la ruche, le soin aux jeunes, la collecte de nourriture. Ces tâches relèvent soit de comportements stéréotypés et déclenchés automatiquement par des stimuli, soit de comportements élaborés lorsqu'il s'agit de recherche de nourriture dans la nature, c'est-à-dire dans un environnement complexe et changeant parmi lequel elle doit choisir ses fleurs.
Dans les cas de comportements stéréotypés on peut dire que l'abeille est typiquement le siège d'une superposition de dispositifs comportementaux.

En physiologie nous connaissons les systèmes sympathique et parasympathique qui permettent de moduler simultanément les effets nerveux dans le sens d'une action et de son action contraire au niveau de l'organe effectueur, par exemple le cœur, les poumons, les pupilles, les glandes salivaires, le système digestif.

6.3 Interférences

Les interférences peuvent survenir dans différents domaines.

Dans le domaine de la perception, une image complexe peut être le résultat de l'ensemble de configurations qui la construisent.
Ainsi lorsqu'un cerveau reconnait une image complexe, comme un visage, à partir des configurations de ses éléments, on assiste en fait à l'interférence de plusieurs configurations locales générant la reconnaissance d'une nouvelle image, en l'occurrence le visage qui va permettre de déclencher une action. Le cerveau de l'abeille est suffisant pour reconnaitre une image globale à partir de ses configurations.

En biologie, nous observons de nombreux exemples d'interférences symbiotiques.
Les termites sont des insectes qui se nourrissent de bois, or ils ne peuvent pas digérer entièrement la cellulose seuls. La dégradation totale de la cellulose se fait grâce à l'association symbiotique avec des protistes, des bactéries et des archées.
De même la vache possède dans son estomac des bactéries symbiotiques capables de digérer la cellulose.

Nos propres cellules humaines sont le résultat d'associations symbiotiques. Nous sommes constitués de cellules eucaryotes, c'est-à-dire de cellules à noyau. Ce noyau contient en particulier notre ADN. La cellule eucaryote est en fait une usine constituée d'une quantité d'organites entre lesquels les tâches sont réparties.
Certains organites de la cellule, à savoir les ribosomes, qui fabriquent les protéines, et les mitochondries, qui récupèrent de l'énergie organique pour la redistribuer à la cellule, ont leur propre génome c'est-à-dire leur propre ADN, différent de l'ADN de la cellule stocké dans le noyau.
Ceci indique que ces organites proviennent d'une symbiose de la cellule eucaryote avec des entités immigrantes qui s'avèrent être des bactéries compte tenu de la proximité de leurs génomes avec des génomes bactériens.
Ainsi l'association, en l'occurrence l'interférence d'une cellule eucaryote et de bactéries, donnent une cellule au fonctionnement original dont nous profitons.

6.4 Intrications non localité, ubiquité

Lorsque l'on dit que des bactéries en coopérant avec des cellules eucaryotes ont coévolué avec elles, on parle non seulement d'interférences, mais aussi d'intrications de fonctionnement car les bactéries transformées ne pourront plus vivre seules.

En effet les ribosomes se sont spécialisés en ateliers à protéine et les mitochondries en redistributeurs d'énergie pour la cellule.

Un autre comportement remarquable est celui de certaines bactéries qui opèrent en colonie comme Myxococcus Xanthus ou Bacillus Subtilis.
Certaines bactéries ont un comportement pertinent et ingénieux, de défense, d'attaque, individuellement ou en groupe. Elles se reconnaissent, elles développent en groupe des protéines qu'elles ne développent jamais lorsqu'elles sont seules, ce qui leur permet d'assurer la protection de la colonie par un biofilm. Elles ont une organisation sociale dans leur stratégie de survie. Elles injectent leur ADN sain à une sœur malade d'une attaque d'antibiotique.
L'infection est sous le film, inattaquable par les associations d'antibiotiques, mais également répandue partout dans l'organisme. Le malade s'épuise sous la pression des antibiotiques.

Comme dernier exemple, Karl von Frisch (1886, 1982) a montré que l'abeille perçoit le monde en couleur, son spectre visuel étant décalé vers l'ultraviolet par rapport au nôtre. On sait aujourd'hui, nous dit Aurore Avarguès-Weber, qu'il s'agit d'une coévolution des fleurs et de leurs pollinisateurs. De nombreuses fleurs présentent des pistes d'atterrissage vers le nectar, c'est-à-dire des motifs visibles dans l'ultraviolet qui servent de repère aux pollinisateurs.
La pollinisation étant vitale pour la reproduction des plantes correspondantes, on peut alors parler d'une intrication des évolutions de ces plantes avec leurs pollinisateurs.

6.5 Incertitude

L'incertitude est le quotidien de la nature.

L'arbre couvre la nature environnante de ses pollens en les laissant voler au hasard du vent. Les limites géographiques de son ensemencement dans le temps sont incertaines.

L'eau fraîche me semble chaude quand je sors les mains de la neige, cette eau à la même température m'apporte une fraîcheur délicieuse l'été.

Quand je me brûle sur une plaque chauffée à blanc, je retire immédiatement ma main, mais il est trop tard, et j'ignore quelle sera l'étendue des dégâts.

Lorsque l'on considère des populations de bactéries, on ne manipule que des ordres de grandeurs. On compte les bactéries par millions. Leur vitesse de reproduction est connue statistiquement tout comme celle de la population humaine mondiale.

Lorsqu'une épidémie de grippe aviaire est signalée, on n'en connait pas la vitesse exacte de propagation, ni l'importance exacte des dégâts qu'elle causera.

6.6 Une mesure change le milieu

Faire une mesure sur un patient, ne serait-ce qu'un prélèvement sanguin, stresse le patient et en tous les cas n'arrange pas ses veines, ce qui devient un problème sérieux chez les patients devant être suivis régulièrement comme les diabétiques ou les grands cardiaques.

Faire un prélèvement en zone profonde implique une intervention chirurgicale avec son inévitable choc opératoire.

Prélever un neurone du cerveau n'aurait aucun sens. Le neurone isolé ne pourrait plus jouer son rôle d'organe de communication et ne pourrait pas survivre physiologiquement sans son intendance de cellules gliales (astrocytes, oligodendrocytes, cellules de Schwann, cellules microgliales) qui assurent son entretien.

Ces cellules gliales assurent le maintien de l'homéostasie, produisent la myéline qui enveloppe l'axone et augmentent ses performances électriques. Elle jouent aussi un rôle de soutien et de protection du tissu nerveux en apportant les nutriments et l'oxygène, éliminent les cellules mortes et combattent les pathogènes.

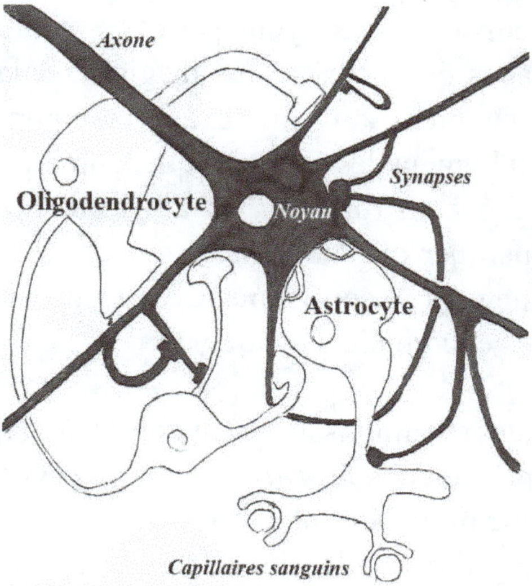

Les abeilles sont intéressantes car elles sont capables d'acquérir des concepts abstraits, avec un tout petit cerveau d'un millimètre cube et 950.000 neurones, alors que le cerveau humain en comporte des centaines de milliards. Cette constatation ouvrirait des voies en robotique ou la reconnaissance visuelle par ordinateur.

On a donc voulu étudier les apprentissages complexes chez l'abeille. Mais pour ce faire les abeilles doivent être immobilisées en laboratoire pour pratiquer une imagerie cérébrale. Or une abeille immobilisée avec des électrodes dans le crâne est incapable de mémoriser des concepts relationnels, ce qu'elle est pourtant normalement capable de faire lorsqu'elle est en liberté.

Les chercheurs pensent aujourd'hui à utiliser un simulateur de vol ou de marche. Le moins que l'on puisse dire est que les milieux internes et externes de l'abeille étudiée n'auraient que peu à voir avec un voyage libre dans la nature au-dessus des fleurs.

Remarque sur le chapitre 6

L'approche expérimentale

L'approche expérimentale est essentiellement celle des essais et des erreurs. Nous essayons par cette méthode de vérifier l'adéquation des images que nous avons imaginées à la réalité expérimentale. Il nous arrive bien souvent devant la complexité de la vie de découvrir fortuitement des éléments qui contredisent les quasi-certitudes que nous avions construites. C'est ainsi qu'Aurore Avarguès-Weber nous fait remarquer que l'abeille, qui a un tout petit cerveau, est capable non seulement de construire des concepts relationnels comme le chimpanzé, mais encore plus vite que lui.

Nous imaginions le vivant construit, mais lorsque Jacques Monod nous apprend, dans *Le Hasard et la nécessité*, que les séquences des acides d'une protéine sont construites au hasard, il nous confie qu'il a éprouvé un sentiment de solitude. La nature n'a aucune logique cartésienne qui permettrait de découper la vie en éléments simples. Avec une telle approche on ne peut construire que des robots inertes sans cerveau et sans esprit, même si nos robots nous ont apporté un développement économique et un confort nouveau. Par contre nous observons que notre pensée occidentale postmoderne utilise quotidiennement des schémas quantiques de perception et d'action qui ne sont pas ceux d'une pensée cartésienne.
La pensée créatrice erratique et sensible est une pensée ex-ante. La pensée rationnelle est une pensée ex-post. Avant l'événement tout est hasard, le cerveau sensible suit ses intuitions. Après l'événement tout est synchronicité, le cerveau gauche a repris la main et reconstruit le fil des évènements à sa façon.

Les mythes sont aussi vivants, ils naissent et meurent avec les sociétés qui les engendrent. Nous y trouverons une absence de logique, absence qui caractérise le vivant.

Chapitre 7 Mythologies

Retrouver ses parents

Un mythe peut être politique, économique, scientifique, religieux, psychologique.

Un mythe politique, comme celui de Charles Fourier (1772, 1837), proposant une organisation sociale détaillée en unités modèles dites phalanstères, était une utopie permettant d'échapper à la complexité des problèmes de gestion d'une société composite. Mais l'erreur réside justement dans le fait que, ne tenant pas compte du hasard, ce type de société ne pouvait pas être vivant.
Un mythe économique, comme celui de Keynes (1883, 1946), propose de contrôler les flux monétaires par le taux d'intérêt. Ce modèle est simple mais très réducteur, au point d'être simpliste.
Un mythe scientifique est par exemple la recherche d'un système standard d'explication universelle de la matière.
Un mythe religieux peut être celui de retrouver le père perdu, tout puissant, vivant et œuvrant.
Un mythe psychologique peut être celui que s'est fabriqué un tout jeune enfant en élaborant sa conception du monde et son plan de vie.

Un mythe est toujours simultanément individuel et social puisqu'il doit être compatible avec les contraintes sociales de son groupe.
Un mythe est un fantasme, toujours construit dans l'intérêt de son auteur et du pouvoir en place, il est donc une représentation réductrice de la réalité physique du monde. Il est toujours une utopie car ses personnages sont fictifs, la nature y est représentée en fonction de l'imagination du poète et de celle de ses auditeurs.
Les images utilisées ne sont pas pour autant toujours des images mécaniques simples lorsque nous utilisons celle de la mère, du père, des frères, des sœurs, des amis, des ennemis, ou de la femme sous ses différents jours.

Notre cerveau fonctionne dans ce monde avec ses habitudes de pensée qui ne sont pas celles d'une logique cartésienne même si nous savons que nos cerveaux, de l'abeille aux poissons et jusqu'à l'homme, comportent des unités de calcul simples ou complexes.

Nous évoquerons certains des mythes des peuples méditerranéens ou des peuples mexicains et andins qui ont vécu aux mêmes époques, séparés par l'océan Atlantique et sans liens établis.

Nous observerons le rôle social des mythes d'un peuple qui ont toujours été fabriqués, éteints ou promus au gré des pouvoirs en place.

7.1 Oscillations

Les dieux grecs étaient à la fois surnaturels et humains puisqu'ils intervenaient sur Terre. L'ambiguïté du personnage divin est permanente. A quel titre s'exprime-t-il dans un instant précis du récit ? Dans le récit mythologique grec la nature des dieux oscille entre ces deux statuts.

Dans les écritures du Livre judéo chrétien Dieu est le verbe, Dieu crée par la parole, mais cette parole est en fait la parole humaine avec toutes ses incohérences et incomplétudes. Les exégètes en appellent sans succès soit aux hommes soit à leur dieu pour leurs explications de textes.

Chez les Mayas, Itzam Na, le fils du dieu suprême Hunab Ku, règne sur la société des dieux. Mais il est aussi quatre dieux en un : il est en effet l'inventeur de l'écriture, il engendre la pluie, il crée le sol fertile pour l'agriculture, il est le dieu de la médecine. Suivant les besoins les mayas le prient sous une étiquette ou l'autre.
Le soleil est représenté par un jeune avenant ou par un vieil homme au nez proéminent. C'est un dieu bienveillant lorsqu'il entreprend son voyage quotidien vers le Ciel et malveillant lorsqu'il pénètre le soir dans l'Inframonde.

7.2 Superpositions d'états

Le dieu Christ né en Judée est à la fois dieu et homme.
Par contre son père, Dieu le Père, n'a pas de forme car il n'a pas de corps.

L'univers mayas est représenté comme un carré sur lequel est étendu un lézard au corps couvert de symboles planétaires.
Trois niveaux cosmiques se superposent : le Ciel, le Monde et l'Inframonde.
Le Ciel est la force masculine de l'univers et son union avec le Monde est assimilée à la féminité, la paix, la bonté et la lumière.
Vont au Ciel les défunts qui ont eu une vie juste et honorable, les hommes qui meurent au combat et les femmes qui meurent en couches.
Pour cela ils doivent grimper le long du tronc de l'arbre sacré.
Le Ciel se compose lui-même de treize niveaux superposés.

7.3 Interférences

Dans tous les mythes le dieu intervient et génère des miracles ou des prodiges qui sont le résultat de l'interférence du dieu avec le monde terrestre.

7.4 Intrication, non localité, ubiquité

Un peuple a un destin lorsque ce peuple le croit pour l'avoir inscrit dans sa culture. L'instant présent exige alors une conduite à la hauteur du destin qui lui est promis.
C'est ainsi que l'empereur maya Moctezuma croit que les Espagnols conduits par Cortès (1485, 1547), sont des Teules, envoyés des dieux devant arriver de l'est selon la légende aztèque.
Cet élément a favorisé Cortès qui a vécu de multiples péripéties pour mener à bien la conquête de l'Amérique centrale.

Ainsi l'histoire nous montre qu'une culture pèse lourdement sur la capacité d'un peuple à survivre.
Pourtant, Jules Michelet (1798, 1874) et Raymond Aaron (1905, 1983) s'élevaient contre une logique du destin d'un peuple et faisaient valoir que l'histoire recèle ses surprises, ses changements de cap et ses régressions.

Cependant les deux points de vue sont conciliables si l'on veut bien tenir compte du hasard en disant simplement que les choses, dans un certain contexte, ont une probabilité plus grande de se produire.

Dans le Poop Who, qui est l'équivalent de la bible maya-quiché, l'histoire du peuple maya se confond avec la grande histoire des hommes, de leurs créations, de leurs réussites et de leurs échecs et de leurs déchéances successives dans la sphère terrestre. Le mythe se confond avec l'histoire. Il n'existe aucune coupure entre le passé le présent et l'avenir, aucune discordance entre le Cosmos et la Terre. Toutes les réalités sont imbriquées les unes dans les autres. L'imaginaire prendra son essor dans toutes les directions à la fois.
A côté du développement des sciences exactes comme l'astronomie et les mathématiques, et des arts comme l'architecture, les Mayas ont cherché à expliquer l'origine et la nature du monde ainsi que la destinée de chacun par une approche utilisant des schémas de pensée comme l'oscillation, la superposition, l'intrication.
Cette approche les a conduits à imaginer la réincarnation.

Tenter d'imaginer la culture maya sans la culture du maïs n'a aucun sens, tant elles sont intriquées, de même que d'imaginer la culture vietnamienne sans la culture du riz.

Chez les Grecs anciens la déesse Héra n'a été souvent informée des frasques de son époux Zeus qu'une fois ses forfaits accomplis.
Au contraire le Dieu du Livre voit tout, est partout à tout instant, intervient partout. Il peut simultanément se réjouir des actes des justes et compter les forfaits des méchants.

Quoiqu'il en soit, le monde ne serait pas ce qu'il est sans la volonté des dieux en tout temps et en tous lieux.

7.5 Incertitude sur les variables complémentaires

La vitesse du déplacement est infinie dans les cas de l'ubiquité.
Le temps n'existant plus, le lieu n'existe pas non plus.
C'est le cas du Padre Pio (1887, 1968) que l'on affirme, à Carrare, avoir vu simultanément à plusieurs endroits.
En tous les cas je peux définir le lieu de son apparition à un instant donné mais ce ne serait pas le lieu exclusif de présence du Saint à cet instant-là dans l'imaginaire local.

7.6 Une mesure change le milieu

Une mesure est un prélèvement sur le milieu. Une mesure est un acte réductif du milieu.
Je sacrifie une vache qui est prélevée sur mon cheptel. Cette perte est importante pour la survie de la communauté qui a le bon sens, après l'offrande aux dieux, de manger la vache sacrifiée.

Le Christ offre le pain et le vin, le soir de la Cène, pour que l'environnement social change. Le pain et le vin, symboles de son corps et de son sang, permettent de dire que sa vie prélevée sur le milieu change le milieu. Ce geste de convivialité permet de sortir des isolements juxtaposés.

Remarque sur le chapitre 7

Intrications entre mythes et pouvoirs

Les mythes permettent d'apporter à la tribu une cohésion autour de son identité culturelle. Dès lors des mythes ne pouvaient être créés que pour assouvir des pouvoirs, ceux-ci trouvant leurs sources d'imaginaire nécessaire à leurs espoirs soit dans un au-delà représenté par le shaman, soit dans la force extraordinaire physique et morale du chef.
Suivant les intérêts du moment, ces deux pouvoirs se sont entraidés ou combattus. Le fait qu'à certaines périodes l'un ignore l'autre, comme en France depuis la loi sur la séparation de l'Eglise et de l'Etat, a pu contribuer à une évolution sociale.
Il existe aujourd'hui des shamans de toutes sortes. Toutes sortes de théories font autorité sur toutes sortes de thèmes politiques, théologiques, économiques, scientifiques, psychologiques, dont tous les textes sont reconstruits en permanence.

Ces mythes sont par excellence la production d'un imaginaire auquel la société peut croire de façon inébranlable, et ce d'autant plus que ces mythes n'ont aucun fondement ni aucune justification physique.
Le cerveau gauche déploie sans entrave physique les conséquences de sa rationalité et de ses affabulations.
Les groupes sociaux y trouvent leur compte et leurs certitudes, sources de leur comportement, sont défendues âprement.
Le cerveau droit sensible n'a plus le droit de s'exprimer, il est tenu pour sorcier, dépravé, dégénéré.

Lorsque la Logique conduit à la Vérité, les trois réalités, celle du monde physique, celle du monde perçu et celle du monde représenté ne sont plus présentes dans un équilibre harmonieux et vivant.
La Vérité éternelle prévaut jusqu'au jour où elle se trouve inévitablement confrontée aux réalités terrestres toujours en évolution.
Dans le cas contraire, lorsque les forces armées, éthiques et religieuses sont dans la même main, alors le pouvoir absolu ravage la créativité et le fonctionnement harmonieux de la société.

Nous avons en Europe l'exemple de la puissance papale qui n'a pas hésité à brûler vif le savant Bruno Giordano (1548-1600) et les hérétiques qui dénonçaient les mensonges de l'Eglise. Le Pape Paul IV en 1563 publie l'index des livres prohibés, liste qui est encore présentée comme une référence jusqu'en 1963 avec la mise à l'index du savant jésuite Teilhard de Chardin (1881, 1955).
Aujourd'hui, on voit les difficultés de l'Eglise à reconnaitre sa responsabilité dans les viols des mineurs qui lui étaient confiés, souvent dans le silence consterné des parents de ces enfants, ainsi que la difficulté des victimes à se faire entendre dans une société décérébrée par une culture construite sur le pouvoir du clergé et le sentiment de culpabilité.

L'exemple de la société inca nous donne un autre exemple de la violence des exactions que le pouvoir politico religieux peut exercer sans limites sur une population.
L'empire inca était une civilisation andine qui s'étendait sur la Bolivie, le Pérou et le Chili actuels. Il était constitué le long de la Cordillère des Andes par trois zones géographiques, la côte, la montagne et la forêt tropicale. Il s'agissait donc de multiples zones écologiques peuplées par des dizaines de milliers de familles et un grand nombre de groupes ethniques. Certains habitaient à moyenne altitude, d'autres dans la steppe, d'autres dans les forêts côtières ou tropicales.
L'empire Inca a unifié ce vaste ensemble par des conquêtes, une hiérarchisation de la société, ainsi qu'une organisation bureaucratique qui a synthétisé les mythes et les histoires des divers groupes.
L'Inca avait de nombreuses épouses dont les descendants occupaient des postes de préfet de l'Empire.
Les religions andines se référaient à des pratiques et des croyances locales reliées par des mythes cosmiques, les ancêtres et les relations entre les humains et les animaux.
La religion inca a englobé ces croyances et imposé ses pratiques rituelles promues par la noblesse inca et ses agents sacerdotaux et politiques, au bénéfice de l'hégémonie de l'état inca unifié, avec pour capitale Cuzco, qui a gouverné l'empire du début du XVe à la conquête espagnole de 1532.

La fusion des mythes a été facilitée par les déportations massives de population en vue de travailler à des projets d'état ou de surveiller les frontières.
Parmi les rituels d'état il y avait le sacrifice quotidien d'une centaine de lamas sur la place de Cuzco. Il y avait aussi le sacrifice annuel humain de victimes spécialement désignées et en général des enfants appelés les « capacochas ». Ces sacrifices pouvaient occasionnellement avoir lieu pour conjurer une situation défavorable ou fêter un heureux événement pour L'Inca. Ces victimes étaient envoyées des provinces à Cuzco pour y être bénis par les prêtres incas, puis renvoyées dans leur contrée d'origine, en file indienne pour y être enterrées vivantes ou tuées à coups de bâtons ou bien droguées et déposées en haut des montagnes. L'excavation du volcan Llullaillaco à 6739 mètres d'altitude, a permis en 1999 de retrouver les corps conservés de trois enfants sacrifiés et de confirmer ce qui aurait pu être considéré comme une légende.

Remarques sur la IIème partie Les liens entre les domaines de pensée

Nous constatons l'existence d'une communauté des schémas de perception et d'action dans différents domaines de pensée qui nous semblaient totalement étrangers les uns aux autres : arts, sciences physiques, psychologie, sociologie, sciences du vivant, auxquelles nous avons ajouté le domaine des mythologies archétypales qui se veulent inspirées par l'hypothèse d'un arrière monde, et le domaine des illusions d'optiques que nous considérons encore souvent comme un cabinet des curiosités hors d'atteinte de nos explications.
A chaque fois pourtant nous y retrouvons l'utilisation des mêmes schémas. Et la liste des domaines à examiner aurait pu être détaillée et étendue.

Nous pouvons donc suggérer que notre système œil cerveau, et plus généralement nos perceptions et nos représentations, sont à l'origine de tous ces schémas de perception et d'action qui nous ont permis de contribuer à l'exploration de nos différents domaines de la pensée et du savoir.

Ainsi pour l'instant nous en avons appris autant sur nous-mêmes et sur notre façon de réfléchir que sur le comportement de la matière.
En effet nous avons vu que notre pensée occidentale actuelle utilise quotidiennement des schémas quantiques de perception et d'action.
Et c'est bien là l'originalité des travaux des physiciens qui ont mis en avant cette forme de pensée pour expliquer, non des phénomènes nouveaux, mais leur perception du comportement de la matière qui est à la source de notre vie.
Remarquons aussi que les schémas identifiés, auraient par leur présence générale, un rôle de filtre dans nos interprétations c'est-à-dire dans la représentation de nos perceptions.

Epilogue
De nouveaux champs de recherche

1- Mise en avant d'un nouveau type de pensée non rationnelle

Lorsqu'au début du XXème il a fallu trouver des explications au comportement de la matière, les résultats des expériences montraient des comportements étranges qui n'avaient apparemment rien de logique pour les esprits de l'époque. Les images alors utilisées ne semblaient pas relever de la pensée traditionnelle rationnelle pour laquelle une cause doit engendrer nécessairement un effet et pour laquelle un événement doit être ou ne pas être.

La physique devait changer ses axiomes de base. Ses nouveaux axiomes remettaient en cause profondément notre vision du monde matériel.

L'évolution du contexte scientifique favorisait cette remise en question. Les travaux des mathématiciens, notamment Jacques Bernoulli (1655-1705) sur les probabilités, Henri Poincaré (1854-1912) sur le chaos, les observations de Charles Darwin (1809-1882) et Alfred Russel Wallace (1823-1913) sur l'origine des espèces et les transformations géologiques, nous indiquent que tout bouge et que rien n'est certain.

La matière présente en effet des comportements d'oscillations, de superpositions d'états, d'interférences, d'intrications, d'incertitudes, et de modifications du milieu dès que l'on veut effectuer une mesure.

Max Planck (1858, 1947) soutient, en 1907, que l'énergie d'une particule ne peut être quelconque et qu'elle ne peut évoluer que par niveaux, en accumulant des paquets d'énergie appelés quanta.

Louis de Broglie (1892, 1987) tient compte de l'idée qu'une onde est assimilable à une particule, l'une et l'autre étant utilisées pour représenter les différents phénomènes.

Ainsi, à côté de la pensée rationnelle affirmant que chaque cause ne peut entraîner qu'un seul effet, une nouvelle pensée dite quantique et ondulatoire est née en microphysique. Les images de cette pensée sont disjointes, une image n'implique pas obligatoirement l'autre, et les liens de cause à effet ne sont pas certains mais appartiennent à un univers aléatoire. Une certaine logique peut être considérée pourvu que l'on accepte l'ensemble de ses axiomes nouveaux.

2- *Variété des types de pensées non rationnelles*

Nous étions habitués à séparer le mode de pensée des scientifiques de celui des artistes.

Nous avons déjà évoqué, lors des remarques sur la première partie, l'expérience du neurologue Michael Gazzaniga qui a mis en évidence l'autonomie des cerveaux droits et gauche, apportant ainsi un substrat à la distinction des pensées rationnelles et sensibles (Annexe III, *L'expérience de Gazzaniga)*. Dans cette expérience on observe, chez les patients auxquels on a sectionné la matière blanche reliant les deux hémisphères, la mise en mouvement du corps par le cerveau droit, puis une explication fictive de la part du cerveau gauche des actes déclenchés par le cerveau droit. Nous découvrons qu'émerge de chaque zone autonome du cerveau une pensée propre.

Le cerveau gauche est réputé porter la parole, la mémoire, l'imagination effrénée.

Le cerveau droit est réputé générer le mouvement, l'expression émotive, la sensibilité.

Il existe donc différents types de pensées fécondes.

La question se pose alors de savoir s'il existe à côté des pensées rationnelles, différents types de pensée sensible.

Ces différents types de pensée seront à priori toujours disponibles pour être interconnectés tout comme les neurones grand-mère de notre cerveau.

Le monde rationnel construit des relations du type « une cause engendre un effet », dites rationnelles pour ma culture traditionnelle et conduit à des *conclusions*. Notons qu'il existe des variantes, une cause pouvant entrainer plusieurs effets.
Pour Emile Durkheim (1858, 1917), c'est à travers les religions qu'ont été mises en place les premières classifications. Les religions auraient permis d'expliquer rationnellement le monde. C'est à travers les religions que les concepts et la logique nécessaires à la pensée scientifique auraient été élaborés. Pour Max Weber (1864-1920) le capitalisme moderne est né de l'apparition d'une nouvelle éthique économique engendrée par la religion protestante. Le monde occidental se caractérise par une volonté de contrôle systématique de la nature et des hommes. Les buts et les moyens sont sélectionnés en fonction de leur seule efficacité et non de valeurs morales. Les relations sociales deviennent impersonnelles et utilitaires. Il en résulte un désenchantement du monde par la disparition de la croyance en la magie. Le monde rationnel utilitaire est dépourvu de sens.

La pensée sensible poétique et la pensée sensorielle disent « cela me convient, je le sens » et conduisent à des *intuitions.*
La pensée sensible manuelle est celle de nos dispositions c'est-à-dire des circuits qui ont mémorisé nos actions et nos savoirs faire corporels.
La pensée archétypale et mythologique utilise des images gravées dans notre mémoire émotive depuis les débuts de l'homme.

Une pensée quantique est une pensée féconde, résultat de la combinaison et de la synergie d'une pensée rationnelle et d'une pensée sensible, coopérant alternativement, la pensée sensible percevant et indiquant intuitivement la direction à prendre, la pensée rationnelle organisant la démarche pour construire les rails allant vers le but visé.

La pensée quantique prend en compte la dimension aléatoire de la nature et tente de décrire des phénomènes reproductibles dans un contexte aléatoire. Ces images mentales ont permis la réalisation d'applications technologiques postmodernes comme le téléphone portable, le pacemaker, l'IRM, les LASERS, les LED.

Tous ces types de pensée peuvent être activés consciemment ou inconsciemment en parallèle.
Cependant, pour activer des domaines de pensée distincts tels que ceux que nous avons passés en revue, il faut changer le contexte des connaissances, ce qui rend le traitement simultané de deux domaines distincts plus laborieux. C'est le cas lorsque l'on établit une déduction par analogie entre deux domaines de pensée.
Enfin, lorsqu'un domaine de pensée prend trop de poids, comme le domaine des mythes par exemple pour des raisons sociales, il étouffe les autres domaines de pensée et ne permet pas un développement harmonieux et créatif de l'individu.

3- La nature physico chimique de la pensée

Dans tous les cas, la pensée est l'émergence de notre activité neuronale qui utilise des images et des dispositions qui servent de support à nos schémas de perception et d'action. Nous présentons une approche chimique des mécanismes généraux de la pensée en Annexe V, *Pensée, décision, conscience, aspects chimiques.* Nous en donnons ici un premier aperçu.

La pensée est l'ensemble des activités cérébrales qui s'expriment dans la décision, la planification, la perception et la représentation.
Ces activités peuvent se dérouler en mode conscient ou inconscient.

Les substrats de ces activités sont répartis dans le corps et le cerveau. Les différentes parties du cerveau peuvent être animées d'une activité aléatoire permanente des différentes assemblées de neurones connectées, ou bien, à l'opposé, contenir des unités dites encapsulées qui exécutent des tâches irrépressibles et inconscientes qui peuvent être très élaborées comme celle de reconnaître une lettre de l'alphabet dans toutes les calligraphies.
Quand on est en mode conscient certaines zones du cerveau encapsulées continuent de fonctionner en mode inconscient.
Ces zones sont câblées du fait de l'expérience mémorisée et fixée par le gène Zif 268 mobilisé pour cette occasion.
En dehors de ces zones encapsulées, notre matière grise est en perpétuel mouvement dans une combinatoire inépuisable.
C'est cette activité aléatoire qui nous permet en permanence de bâtir des scénarios et d'anticiper les situations, de créer des représentations qui n'appartiennent qu'à moi, de trouver une idée géniale comme Archimède, et finalement d'assurer ma liberté.
Il nous arrive bien souvent de trouver une idée, dont nous sommes conscients mais dont nous ne savons d'où elle vient. Il s'agit de l'effet de la combinatoire neuronale qui travaillait silencieusement en mode inconscient.
Ce qui caractériserait un type de pensée, c'est-à-dire une collection de schémas de perception et d'action, serait une collection d'images et de dispositions propres à ce type de pensée, mais aussi, l'utilisation de vecteurs cause-effets qui ne seraient pas toujours univoques et unidirectionnels et qui varient selon les cultures.

4- Une perspective de pensées fécondes

Ainsi il existe à côté de la mise en avant de la pensée quantique, et de son côté poétique, divers types de pensées fécondes.

Nous savons aussi que la pensée sensible, qui produit nos intuitions, nous met, au cours même d'une démarche rationnelle, sur la voie d'un chemin à travailler. En cas d'impasse sur ce chemin, c'est une nouvelle image intuitive qui nous indiquera un nouveau chemin à explorer par la pensée rationnelle qui établira alors les liens logiques permettant de construire une route conduisant au but perçu.
Les deux types de pensées rationnelles et sensibles vont ainsi d'intuitions en conclusions dans leurs explorations en vue de surmonter un obstacle.
La pensée quantique, poétique et rationnelle s'ajoute au rang des pensées fécondes. Elle constitue notre pensée quotidienne ordinaire.

Chaque civilisation s'est développée dans son écosystème, même si elle a entretenu des relations commerciales, conflictuelles ou intellectuelles avec ses voisines, et avec ses propres réseaux de pouvoir.
Chacune a développé des schémas de pensée particuliers en fonction de ses besoins, qui peuvent être rationnels, poétiques, sensoriels, manuels, ou relevant d'archétypes.
Etant générées dans un contexte de hasard, deux civilisations n'étant pas identiques, chacune a créé sa propre conception des choses dans une grande diversité, tout en étant toutes les deux soumises, avec des variantes, aux grandes contraintes de l'environnement comme le soleil, la lune, le rythme diurne, les astres, ou bien aux grandes contraintes de leur nature profonde comme l'agressivité du prédateur, la peur de manquer et la conquête et du pouvoir.
Le champ des possibles est considérable et sa découverte se fera au profit de notre créativité.

C'est pourquoi il est indispensable de réconcilier la société et la science, le rationnel dans ses variantes et les différentes pensées sensibles poétiques, corporelles ou archétypales.
La science nous permet de faire reculer les obscurantismes et de rendre sa dignité à un homme qui se construit. Nous avons une structure biologique que nous devons connaître et faire connaître.

C'est exactement ce que nous dit Henri Laborit (1914, 1995), en conclusion du film d'Alain Resnais (1922, 2014), *Mon Oncle d'Amérique :*

« L'inconscient constitue un instrument redoutable non pas tellement par son contenu refoulé... mais, par tout ce qui est, au contraire, autorisé et quelquefois même récompensé par cette socio culture qui a été placée dans son cerveau depuis sa naissance. Il n'a pas conscience que c'est là, mais pourtant c'est ce qui guide ses actes. C'est cet inconscient-là, qui n'est pas l'inconscient freudien, qui est le plus dangereux. En effet, ce qu'on appelle la personnalité d'un homme, d'un individu, se bâtit sur un bric-à-brac de jugements de valeur, de préjugés, de lieux communs qu'il traîne et qui, à mesure que son âge avance, deviennent de plus en plus rigides et qui sont de moins en moins remis en question. Et quand une seule pierre de cet édifice est enlevée, tout l'édifice s'écroule. Et il découvre l'angoisse. Et cette angoisse ne reculera ni devant le meurtre pour l'individu, ni devant le génocide ou la guerre pour les groupes sociaux, pour s'exprimer.

On commence à comprendre par quel mécanisme, pourquoi et comment, à travers l'histoire et dans le présent, se sont établies des échelles hiérarchiques de dominance. Pour aller sur la Lune, on a besoin de connaître les lois de la gravitation. Quand on connaît ces lois de la gravitation, ça ne veut pas dire qu'on se libère de la gravitation. Ça veut dire qu'on les utilise pour faire autre chose.

Tant qu'on n'aura pas diffusé très largement à travers les hommes de cette planète la façon dont fonctionne leur cerveau, la façon dont ils l'utilisent, tant qu'on ne leur aura pas dit que, jusqu'ici, ça a toujours été pour dominer l'autre, il y a peu de chances qu'il y ait quelque chose qui change. »

Mais, au travers de cette image du besoin de dominer, Henry Laborit nous donne une image bien sévère des conséquences du hasard. En effet, c'est bien le hasard qui est à la source du développement de la cellule vivante rejetant son désordre sur l'environnement, faisant de celle-ci, au premier niveau de la construction des êtres, un prédateur qui recherchera plus tard, dans l'évolution, à dominer pour assurer sa sécurité.

Mais c'est bien aussi le hasard qui laisse passer après l'orage un rayon de lumière qui inonde de bonheur le paysage et nous permet de le redécouvrir.
C'est le hasard qui fait surgir de notre mémoire d'enfant une image qui nous fait sourire.
« Ce sont des mots prononcés par hasard » qui font comprendre à Antoine de Saint-Exupéry (1900, 1944) que le Petit Prince vient d'une autre planète. Et, on ne sait pourquoi, le Petit Prince rencontre sur la Terre le renard auquel il va parler de sa rose.
De même, c'est au hasard de notre imagination, que notre esprit s'évade dans une campagne enchantée à l'évocation de la musique de Prokofiev (1891, 1953) *Pierre et le Loup*.

C'est par hasard, que de nouvelles images se croisant dans notre esprit, nous pouvons comme Archimède nous exclamer en disant « J'ai trouvé !», en attendant une nouvelle découverte ou une nouvelle invention.

Le hasard nous ouvre sans cesse, malgré nos certitudes, de multiples chemins et de multiples rencontres.

Le hasard c'est la vie.

Le hasard est notre richesse.

Annexes

Annexes I Les cercles concentriques

Annexe II Les barres de touches noires et blanches.

Annexe III Poésie chuchotée à l'oreille

Annexe IV L'expérience de Gazzaniga

Annexe V Les Trois Réalités

Annexe VI La raffinerie de Felleman

Annexe I

Les cercles concentriques

Prenons un cercle constitué de fils noir et blanc torsadés et constituant de cercles concentriques dans un plan et dans l'espace.

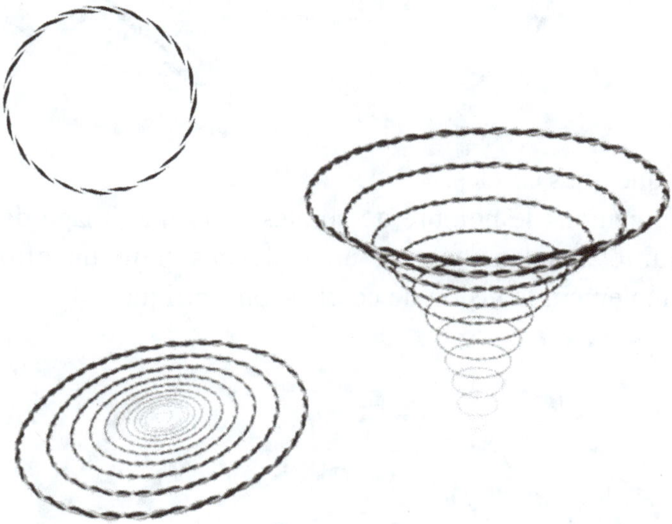

Nous avons tendance à osciller lorsque nous observons l'entonnoir, en considérant par moments que la partie du bas se termine en tire-bouchon, mais en nous reprenant pour nous dire qu'il s'agit de cercles.

Présentons quelques cercles.
Si nous augmentons le nombre de cercles alors une image de spirale peut apparaitre spontanément et nous devons faire un effort pour rétablir mentalement la vision de cercles concentriques

Le phénomène d'oscillation est patent. Nous savons que le cerveau oscille quand il n'a pas suffisamment d'éléments pour décider. La situation reste la même en changeant la couleur du fond de l'image. Mais lorsque nous suggérons fortement que l'espace est constitué de spirales alors le cerveau n'hésite plus et nous voyons une spirale. Une interférence s'est produite.

C'est ce qu'a fait Fraser en proposant un fonds constitué de spirales.

Ce qui est remarquable est que vous continuerez de voir une spirale, même après avoir parcouru avec un crayon l'un des cercles de la figure.

Notre cerveau gauche est obstiné, ce qu'il a construit nous y croyons. C'est ce que nous indique l'expérience de Gazzaniga décrite en Annexe III.

Annexe II

Les barres de touches noires et blanches

Prenons une barre de touches noires et blanches. Les bords supérieurs et inférieurs de chaque barre sont horizontaux et parallèles.

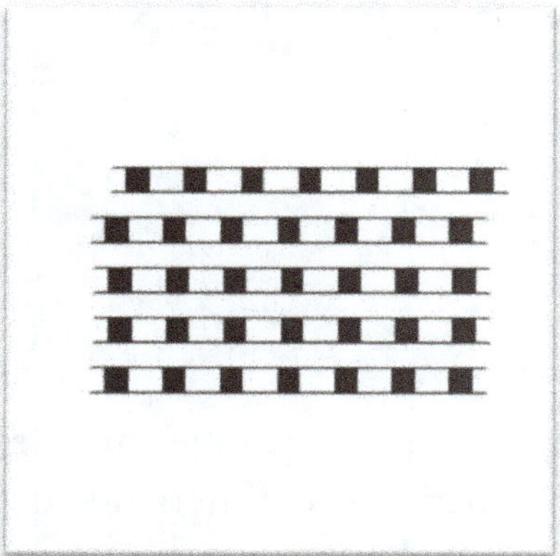

Puis superposons cinq barres en laissant un espace blanc entre elles. Rien d'anormal se produit. On voit simplement que les barres ne sont pas toujours bien calées à gauche et à droite.

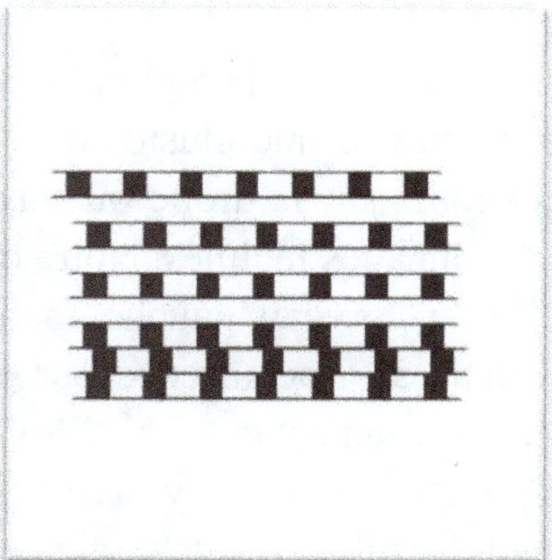

Insérons maintenant une sixième barre pour avoir un empilement complet à la base.
Nous constatons que les bords horizontaux de la seconde barre en partant du bas ne sont pas parallèles.

Continuons d'insérer une septième, huitième et neuvième barre pour avoir un empilement complet continu sur toute la hauteur.

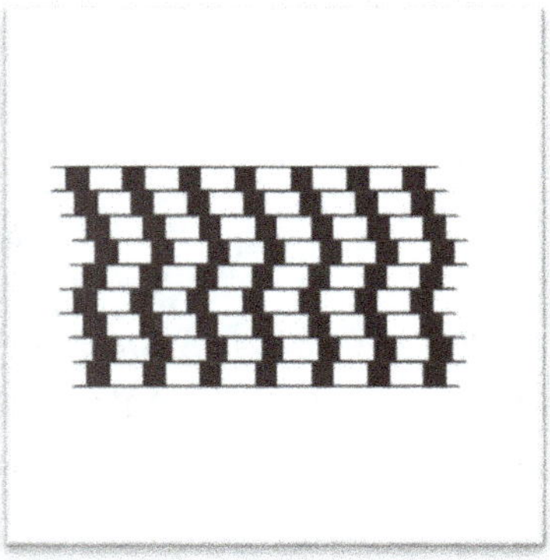

On observe que le parallélisme des bords supérieurs et inférieurs des barres n'est plus respecté.

Cette illusion est irrépressible. Vous avez beau mesurer la régularité des espaces d'une barre à l'autre, vous restez victime d'une illusion de non parallélisme. C'est le décalage des carrés noirs sur la droite ou sur la gauche qui donnent cette impression de rayonnages inclinés. Notre œil ne se contente pas de photographier, notre cerveau gauche monte immédiatement des scénarios qui prévalent en l'occurrence sur les informations sensibles apportées par notre cerveau droit.
Notre cerveau gauche part du principe qu'il devrait y avoir un quadrillage parfait sous les yeux en partant des alignements verticaux.

Annexe III

L'expérience de Gazzaniga

Notre cerveau comporte deux parties principales et apparemment symétriques, une à gauche et une à droite, séparées par un sillon profond central.
Cependant l'hémisphère gauche est celui de la parole et du raisonnement, de l'analyse, l'hémisphère droit celui des sens.
La coordination des deux hémisphères est assurée par le corps calleux qui est une câblerie reliant les deux hémisphères.

Gazzaniga nous montre que notre hémisphère gauche peut continuer de fonctionner sans l'hémisphère droit pour aboutir à des conclusions tout à fait surprenantes. C'est en tentant de soigner des épileptiques que le phénomène est apparu. On traitait aux USA, dans les années 1960, les épilepsies en déconnectant les deux hémisphères gauche et droit.
Les chirurgiens américains sectionnaient le corps calleux qui est constitué de millions d'axones de neurones qui relient les zones de l'hémisphère gauche à celles de l'hémisphère droit.
Des résultats curieux en découlent, les deux hémisphères manifestant deux activités cérébrales distinctes et indépendantes.

Un patient ayant subi une telle opération peut saisir et allumer un briquet dans sa main gauche sans être capable de dire ce qu'il a dans sa main gauche.
L'hémisphère droit, qui contrôle la main gauche, manifeste une conscience du briquet, mais l'hémisphère gauche qui détient les zones du langage ne peut dénommer l'objet puisqu'il ne reçoit aucune information sur la forme du briquet en provenance de l'hémisphère droit.
Ce qui n'empêche pas la main gauche, commandée par le cerveau droit, d'allumer le briquet c'est-à-dire d'échanger avec l'environnement des informations et de l'énergie, c'est-à-dire de vivre.

Gazzaniga se livre en 1977 à l'expérience suivante.

On montre au patient un écran. Sur la partie gauche de l'écran apparaît soudain un message « Marchez », le cerveau droit déclenche alors la marche.
Le patient ne dit rien mais se lève et va vers la porte.
Gazzaniga demande alors à son patient « Où allez-vous ? »
Le patient répond : « Je vais à la maison chercher un jus de fruit. »
En fait, seul l'hémisphère droit, qui contient les zones sensorimotrices a vu le message dans la partie gauche du champ visuel sans pouvoir le transmettre à l'hémisphère gauche.
L'hémisphère gauche, qui est seul à pouvoir comprendre la parole mais qui ignore ce que fait le cerveau droit qui a déclenché la marche, comprend cependant par la question qui lui a été posée que son corps est en train de marcher vers la porte.
Le cerveau gauche élabore alors une interprétation fictive consciente, « Je vais à la maison chercher un jus de fruit », au lieu de dire « Je suis en train de sortir de cette pièce sans savoir pourquoi. »
Le patient a imaginé sans attendre un scénario fictif qui justifie sa position en l'absence d'informations.

Mais, en tant que sujets sains, nous sommes tous ainsi, nous imaginons sans cesse des histoires déconnectées de la réalité.
Mon fils est en retard à notre rendez-vous : immédiatement j'envisage toutes sortes d'hypothèses des plus ordinaires aux plus dramatiques.
Dans chaque situation de multiples scénarios tournent dans notre esprit.
Une combinatoire effrénée est en marche et mon cerveau me propose mille scénarios fantasmatiques que je m'efforce tant bien que mal de contrôler à la lumière des quelques détails pratiques que je possède.
Nous anticipons en permanence l'évolution de notre situation pour nous adapter aux circonstances et agir. Ces anticipations sont des représentations. Ces représentations sont non seulement des fictions mais des fantasmes d'autant plus nombreux que je n'aurai pas d'éléments pour revenir sur Terre. Je suis perdu dans le monde de la croyance.

Annexe IV
Poésie chuchotée à l'oreille

Je touche ta bouche, avec le doigt je touche les bords de ta bouche, je la dessine comme si elle sortait de ma main, comme si pour la première fois ta bouche s'entrouvrait, et il me suffit de fermer les yeux pour tout défaire et recommencer, faire naitre chaque fois la bouche que je désire, la bouche que ma main choisit et te dessine dans la chair, une bouche choisie entre toutes, dans une souveraine liberté que j'ai choisie pour la dessiner avec ma main sur ta chair, et qui par un hasard que je ne cherche pas à comprendre coïncide exactement avec ta bouche qui sourit en-dessous de celle que ma main te dessine.

Tu me regardes, de près tu me regardes, chaque fois de plus près, et ensuite nous jouons au cyclope, nous nous regardons chaque fois de plus près et nos yeux s'agrandissent, se rapprochent entre eux, respirations confondues, les bouches se rencontrent et luttent, se mordant avec les lèvres, appuyant à peine la langue entre les dents, jouant dans les coins où un air lourd va et vient comme un vieux parfum et un silence. Ensuite mes mains cherchent à se glisser dans ta chevelure, caressent lentement la profondeur de ta chevelure tandis que nous nous embrassons comme si nous avions la bouche pleine de fleurs ou de poissons, de mouvements vifs, de parfums obscurs. Et si nous nous mordons la douleur est douce, et si nous suffoquons dans une brève et terrible absorption simultanée de nos souffles, cette mort instantanée est belle. Et là une seule salive et une seule saveur de fruits mûrs, et je te sens trembler contre moi comme une lune dans l'eau.

Extrait de Rayuela de Julio Cortazar.

Annexe V
Pensée, décisions, conscience, aspects chimiques.

1 Pensée, décision, conscience

La pensée est l'ensemble des activités cérébrales qui s'expriment dans la décision, la planification, la perception et la représentation.
Ces activités peuvent se dérouler en mode conscient ou inconscient.
Les substrats de ces activités sont répartis dans le corps et le cerveau.
Les différentes parties du cerveau peuvent être animées d'une activité aléatoire permanente ou, à l'opposé, contenir des unités dites encapsulées qui exécutent des tâches irrépressibles et inconscientes qui peuvent être très élaborées comme celle de reconnaître une lettre de l'alphabet quelle que soit la calligraphie utilisée.

Comment cet ensemble complexe est-il organisé ? Les multiples travaux réalisés aujourd'hui nous permettent de décrire schématiquement l'organisation de la pensée en termes simples et concrets sans commettre d'abus.

D'abord comment fonctionnons-nous physiquement dans un univers incertain ?

La société a toujours eu tendance à représenter un phénomène aléatoire, par exemple le vent, par une image déterministe, par exemple le dieu Eole, dieu à l'image des anciens Grecs, bien sûr.
En effet, sans déterminisme, imaginé et accepté par l'espèce, il n'y aurait pas d'anticipation possible de l'action, donc de survie possible de l'espèce.
A cette fin d'anticipation, notre inconscient imaginatif fabrique en permanence de nouvelles représentations, de nouvelles combinaisons neuronales, de nouveaux scénarios les plus invraisemblables et inattendus de notre corps en échange avec son environnement naturel et social.

Car physiquement le hasard est bien présent partout, il est notre richesse, il engendre notre spécificité, en l'absence de toute causalité. Ni la construction des organismes vivants, comme l'a montré Jacques Monod, ni leur fonctionnement biologique quotidien,
comme l'a montré Jean-Jacques Kupiec, n'échappent au hasard.

Alors comment se développe le vivant ?
Le vivant a la propriété de développer sa complexité en exportant son entropie dans l'environnement, selon de Duve.
Le vivant est toujours hors équilibre.
En se développant ainsi au détriment de son entourage, le vivant apparaît essentiellement comme un prédateur dont la nature est à la source de son comportement social et environnemental.

Alors comment fonctionne le vivant ?
Le vivant est constitué d'une frontière poreuse et d'un milieu interne en équilibre dynamique permanent avec l'extérieur. Cet équilibre interne est appelé notre **équilibre homéostatique,** du grec ὅμοιος, hómoios, « similaire », et ἵστημι, hístēmi, « immobile ».
Lorsque vous recevez les résultats de votre prise de sang vous voyez une liste de résultats, glucose tant, globules rouges tant, etc. et dans la marge à droite une fourchette des valeurs à l'intérieur desquelles doivent se trouver chacun des paramètres analysés.
Cet ensemble des fourchettes décrit la plage d'équilibre homéostatique sur laquelle vos paramètres doivent se trouver.
Nous voilà maintenant prêts à proposer une définition de l'émotion, ce que nous allons faire en nous posant la question :

Comment percevons-nous les choses ?
L'émotion est simplement l'expression d'une perturbation de l'équilibre homéostatique. Cette perturbation peut être provoquée par une modification de l'environnement et en particulier par la seule irruption d'un objet dans l'environnement.
En effet **la seule présence de l'Objet me change chimiquement**.
Ainsi, l'irruption d'une menace déclenche dans mon corps la production d'hormones et de neuromédiateurs qui ont pour effet

d'accélérer mon rythme cardiaque, de répartir mon sang en faveur de mes muscles squelettiques, de libérer du glucose, d'accélérer mes réflexes, de concentrer mon attention, d'arrêter ma digestion, d'inhiber ma douleur, de faciliter la coagulation de mon sang et d'augmenter le nombre de mes lymphocytes, ces deux derniers facteurs me permettant de réparer d'éventuelles blessures.
C'est merveilleux.
Dans cet exemple, les changements chimiques me rendent apte au combat.
La seule présence de l'Objet m'a changé chimiquement en engendrant une modification énergétique.
Alors mon Soi modifié voit l'Objet différemment, il voit un Objet modifié, et cet Objet modifié me modifie à son tour.
Et nous pouvons alors assister à un phénomène récurrent et cumulatif.

Par cette approche de l'émotion, au premier abord réductionniste, nous sommes, en fait, en mesure de mieux situer certains concepts que nous utilisons pourtant couramment sans pour autant toujours bien en discerner les contours.

Ainsi prenons les notions d'attention et de conscience qui sont au cœur de la perception.

L'attention consiste, à la suite d'une alerte déclenchée par l'amygdale, en un *état d'activation du cerveau* par des molécules émises par le tronc cérébral. Ces molécules dites neuromédiateurs vont inonder l'ensemble du cerveau et en particulier des tableaux de bord dits registres du Soi, de l'Objet et de la Conscience qui s'en trouvent activés.

Les registres du Soi sont dans les couches profondes, ils suivent les paramètres des différentes parties du corps.

Les registres de l'Objet correspondent aux informations transitant dans les zones sensorimotrices.
Ces registres surveillent en permanence les interactions physiques de mon corps avec l'environnement.

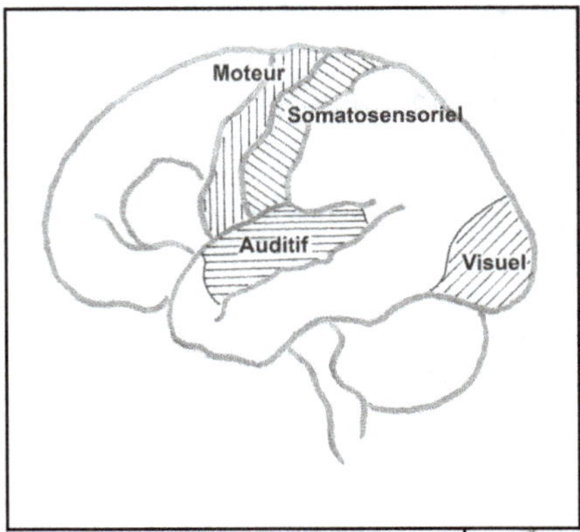

Registres de l'Objet.

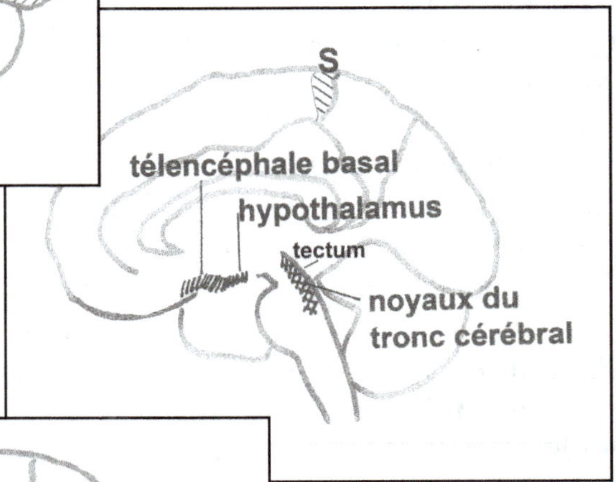

Registres du Soi.

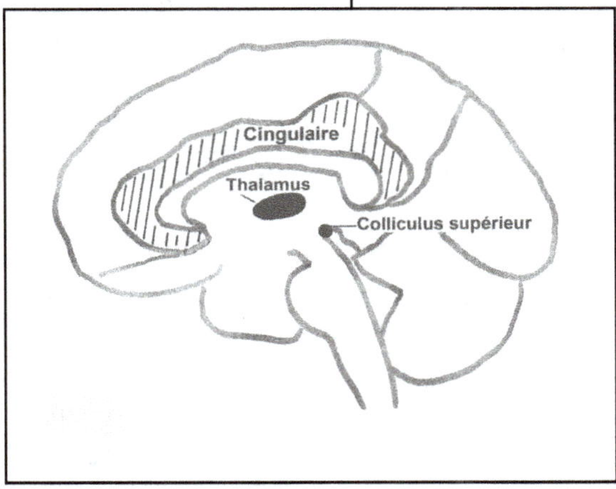

Registres de la conscience.

D'après Damasio.

Que sont les registres de la conscience ?
La conscience est une relation entre Moi et l'Objet.
Les registres de la conscience sont des registres des couches profondes primitives qui mettent en relation les registres du Soi et ceux de l'Objet.
Les animaux sont donc conscients.
J'ai, dans cette mise en relation, conscience de quelque chose en même temps que je sais que c'est moi qui perçois cette chose.

Voilà donc une nouvelle fissure importante dans nos croyances dualistes, à savoir l'idée que le fonctionnement de nos substrats correspond bien à nos observations subjectives sans dualité corps esprit.

2 Les états de conscience

Remarquons alors quatre points très intéressants qui vont nous permettre de comprendre ce qui se passe dans les arts du vivant qui consistent par exemple à dessiner des danseurs en train de danser.

La transe d'abord apparaît comme une simple focalisation de l'attention sur un objet réel ou virtuel. La transe devient alors un phénomène courant qui n'a rien d'anormal.

Ensuite la conscience étant activée par des neuromédiateurs cela explique pourquoi les mêmes zones du cerveau peuvent fonctionner soit en mode conscient soit en mode inconscient, soit avec différents états de conscience d'intensité diverses qui peuvent s'exercer en parallèle.

Ces différents états de consciences sont d'intensité variable, mais aussi de complexité variable allant d'une conscience noyau des animaux primitifs à la conscience étendue des animaux évolués qui tient compte de l'historique du sujet.

Enfin la réalité des réactions aléatoires physico-chimiques nous permet de comprendre pourquoi **notre attention et notre conscience apparaissent et disparaissent de façon capricieuse tandis que notre imagination inconsciente ne cesse de fonctionner, par une activité neuronale effrénée,** dégageant une information permanente préparant l'intention d'action, de même que notre inspiration poétique.

Et maintenant que nous sommes munis de notions revisitées nous permettant de mieux comprendre par quels états physiques et par quels états de perception peuvent passer un dessinateur ou un groupe d'artistes, nous pouvons comprendre comment représenter des danseurs en train de danser.

Comment créer une relation entre le monde perçu de mon Soi en interaction avec son environnement et le monde représenté de mon histoire ?
Sachant que le monde perçu s'exprime dans la durée alors que le monde représenté s'exprime dans le temps mathématique, voilà qui ne facilite pas les choses, d'autant plus que les arts du vivant se déploient précisément dans cette relation entre le monde perçu, et le monde représenté.
Eh bien, dans les mondes aléatoires que sont le monde physique et le monde perçu, pour représenter des danseurs en train de danser, l'artiste n'aura pas d'autre issue que de dérouler en des instants successifs sur sa feuille le moment qui s'écoule ici et maintenant, moment ressenti dans son activité inconsciente permanente, au hasard de ses perceptions subjectives. ***Le dessin n'est donc ni la photo d'une attitude saisie à la volée, ni la reproduction d'une succession d'immobilités comme l'avait cru Marcel Duchamp (1887, 1968).***

Le dessin vivant est autre chose, un bras à l'instant T, une jambe à l'instant T+ 1, une tête à l'instant T+2, etc. exprimant le vivant hors équilibre, tel que nous le percevons.
Il devient alors possible, en déroulant le temps, de dessiner sur le vif des danseurs en train de danser ou des saltimbanques en action pour laisser sur une feuille leurs traces à l'appréciation des lecteurs : en effet, dès les premiers instants de la genèse du dessin, le cerveau anticipateur de l'Autre de ma tribu est capable de reconstruire le scénario vécu et noté par le dessinateur.

La communication s'est amorcée.
L'Autre interprète mes traces dans une lecture active.
Le trait poreux de mon dessin lui permet de déployer sa liberté.

Ceci étant, comment fonctionne l'artiste qui peint ?
Lors d'une performance collective des arts du vivant, les dessinateurs, les danseurs et les spectateurs sont en transe, ensemble, en effervescence, transformés en une seule flamme.
Le dessinateur dessine ce qui se passe entre les danseurs, les danseurs vivent leur aventure.
Les musiciens improvisent et les danseurs improvisent sur l'improvisation des musiciens.
Le peintre peint avec son corps.
Son corps prend les décisions.
Nous disons bien, par exemple : « Je me sens mal, je pars, je me sens bien, je reste. »

Contribution en Sorbonne, à l'occasion du congrès du CEAQ, Centre d'Etudes sur l'Actuel et du Quotidien, salle du conseil de la Faculté de Médecine, 12 rue de l'Ecole de Médecine, 75005, Paris, le 12 juin 2013.

Annexe VI
La raffinerie de Felleman

Une carte des différentes zones de la vision a été dressée dans les années 1990 grâce aux travaux de Ungerleider et Mishkin puis Van Essen et Felleman.
Ces multiples connexions entre 32 zones nous permettent de comprendre comment, selon Felleman, 80% des fibres qui arrivent dans les zones occipitales de la vision, V1 à V4, ne viennent pas de l'œil.
Nous savons en effet que notre perception visuelle dépend de très nombreux facteurs comme notre culture, nos intentions d'action, notre idée préconçue du but à atteindre et, d'une façon générale, de notre activité mentale permanente d'anticipation et de reconstruction du monde.

La *raffinerie* est le surnom donné par Lawrence Weiskrantz à ce travail de représentation graphique des boucles de rétroaction de la perception chez le macaque.

Voir les deux pages suivantes.

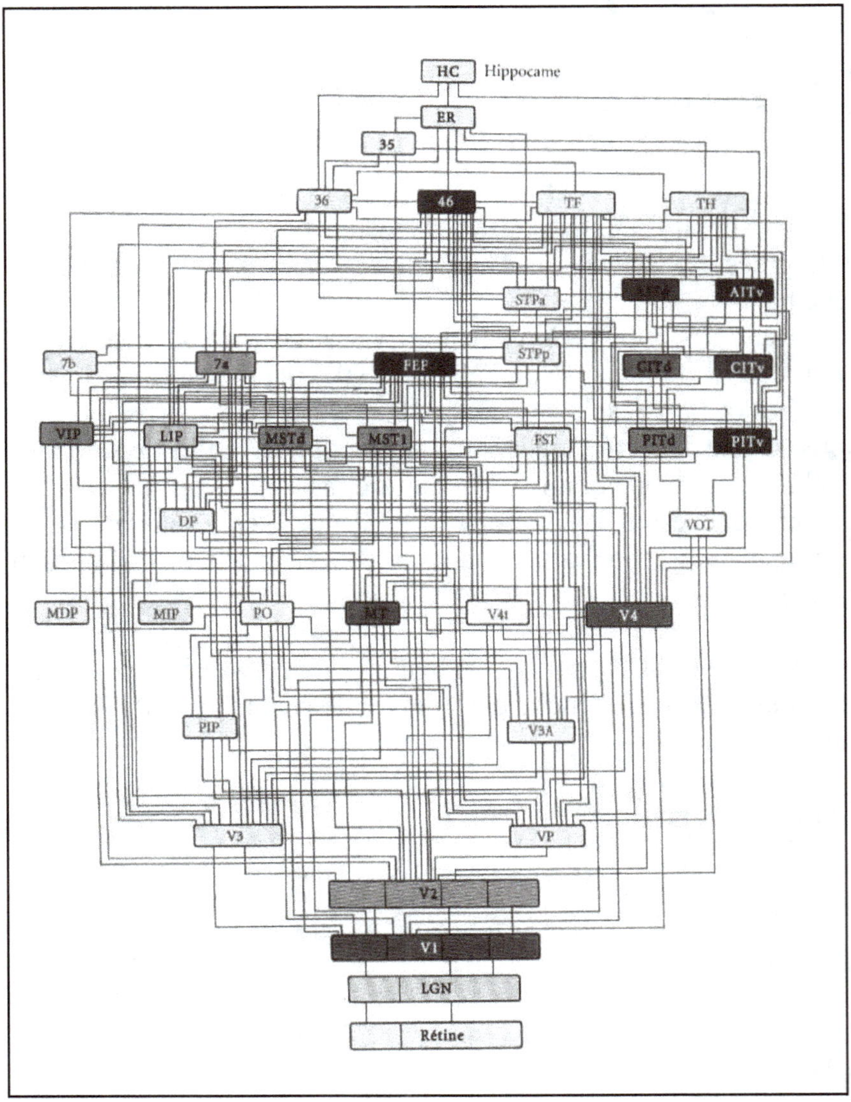

Rétine Premières impressions rétiniennes de contraste et de couleur
LGN Lateral Geniculate Nucleus, soit GCL Corps Genouillé Latéral
V1 cortex visuel primaire (segments orientés)
V2 cortex visuel secondaires (formes complexes)
V3 cortex visuel V3 (formes dynamiques)
V4 cortex visuel V4 (formes et couleurs)
V5 ou MT Medio Temporal (mouvement de l'objet dans l'espace)
VP ou V3 central

V3A cortex visuel 3A (formes)
V41 zone motrice
PIP Posterior Intra Parietal (reçoit les projections du lobe frontal des contrôles exécutifs)
MIP Medial Intra Parietal
PO Parietal Operculum (sensations intestinales et de la gravité)
MDP Medial Dorsal Parietal (angle de vue et position de la main)
DP Dorsal Premulate (région dorsale)
VOT Ventral Occipito Temporal (informations visuospatiales)
VIP Ventral Intra Parietal = VPP (reçoit les informations visuelles, somatosensorielles, toucher, température douleur, auditives et vestibulaires)
LIP Lateral Intra Parietal (saccades et guidage de l'œil en relation avec la mémoire)
FST Fundus of Superior Temporal (interface entre les voies dorsales et ventrales)
MST1 Ventro Lateral area (mouvements de l'œil)
MSTd Dorso Medial area (tracking moving targets)
7a 7b Posterior Parietal Cortex (coordination des mouvements, raisonnements spatiaux, attention)
FEE Frontal Eye Field (aire 6 de Brodmann)
STPa STPp Superior Temporal Polysensory (reçoit les informations visuelles, auditives et sensibles de la peau, des viscères, articulations)
CITd Central Infero Temporal dorsal (reçoit V1à V3 en particulier la fovéa)
CITv Central Infero Temporal ventral (forme, couleur)
AITd Anterior Infero Temporal dorsal (connaissance des objets, des gens, des mots)
AITv Anterior Infero Temporal ventral
35 36 Perirhinal area (réception de toutes les régions sensorielles)
TF Parahippocampal area (codages en entrée et extractions de la mémoire)
TH Parahippocampal area (codage de nouvelles données visuelles)
46 Middle Frontal Girus (réorientation de l'attention)
ER Entorhinal (hub pour la mémoire et la navigation)
HC Hippocampe (mémoire et navigation spatiale)

Pour aller plus loin

Arts et Sciences physiques
Neurosciences
Biologie, Physiologie, Evolution
Vivre ensemble - Philosophie, Sociologie, Communication
Psychologie, psychanalyse, psychiatrie

Arts et Sciences physiques

Archimède, *Des corps flottants*, Charles Mugler, Les Belles Lettres, 1971.

Aspect Alain, *« Proposed experiment to test the nonseparability of quantum mechanics », Physical Review D, vol. 14, n° 8, 15 octobre 1976.*

Bachelard Gaston, *Le nouvel esprit scientifique*, PUF, 1934-2012.

Barthes Roland, *La chambre claire, notes sur la photographie*, Gallimard, 1980.

Bayes Thomas, voir Dale Andrew, I., *A theory of Inverse Probability*, Springer, 1999.

Bernoulli Jacques, *Œuvres complètes, second volume, mathématiques et leurs applications,* Albert Blanchart, 2007.

Bitbol, *Physique et Philosophie de l'Esprit*, Flammarion, 2005.

Bolot Xavier, *Dessiner en perspective réelle*, L'Harmattan, 2006.

Bolot Xavier, *Drawing in Real Perspective*, Mandrake of Oxford, 2016.

Bolot Xavier, *La Lumière Neutre*, L'Harmattan, 2009.

Bolot Xavier, *Comment représenter l'action*, L'Harmattan, 2012.

Bolot Xavier, *Les Trois Réalités*, L'Harmattan, 2014.

Boole, George, voir Claude, D., Permingeat, N., *Algèbre de Boole*, Masson, 1998.

Borh Niels, *Physique atomique et connaissance humaine*, Gauthier-Villars, 1961.

Broglie Louis de, *La physique nouvelle et les quanta*, Flammarion, 1937, 1993.

Cart Germaine, *Le rôle du dessin dans l'œuvre de Delacroix*, Editions des Musées Nationaux, 1963.

Cheng François, *Cinq méditations sur la beauté*, Albin Michel, 2008.
Clegg Brian, *Les 50 plus Grandes Théories de la Physique Quantique*, Le Courrier du Livre, 2015.
Connes Alain, *La Géométrie et le Quantique*, cours au Collège de France, janvier 2017.
Damour Thibaud, Burniat Mathieu, *Le Mystère du Monde Quantique,* Dargaud,2013.
Edwards, Betty, *Dessiner grâce au cerveau droit,* Mardaga,1979, 1999.
Escher M. C., Ernst Bruno, *Le Miroir Magique*, Taschen, 1994.
Hawking Stephen, *Une Belle Histoire du Temps*, Flammarion, 2005.
Léger Fernand, *Fonctions de la peinture*, Folio essais, Gallimard 1997.
Ninio Jacques, *La science des illusions*, Odile Jacob, 1998.
Strindberg August, *Le hasard dans la production artistique*, L'échoppe, 1990.
Merleau-Ponty Maurice, *L'œil et l'Esprit*, Folio essais, Gallimard, 1964.
Penrose Roger, *A la découverte des lois de l'univers, la prodigieuse histoire des mathématiques et de la physique*, Odile Jacob, 2004.
Ramachandran V., *Le cerveau cet artiste*, Eyrolles, 2005.
Pastoureau M., *Noir, Histoire d'une couleur*, Points, Seuil, 2008.
Planck Max, *The Origin and Development of the Quantum Theory*, Forgotten Books, 1867, reprint.
Poincaré Henri, *La Science et l'Hypothèse*, Nabu Press, 2014.
Rutherford Ernest, *The Newer Alchemy*, Cambridge University Press, 2014.
Weyl, Hermann, *Symmetry*, Princeton University Press, reprint 1992.

Neurosciences

Aglioti S.M., Forster B, Cavina-Pratesi C, Berlucchi G., *Redundant target effect and intersensory facilitation from visual-tactile interactions in simple reaction time.* Experimental Brain Research. 143: 480-7. PMID 11914794 DOI: 10.1007/s00221-002-1017-9
Aglioti SM Belucchi G., *Neurofobia. Chi a paura del cervello*? Cortina Raffaello, 2013.

Avarguès-Weber Aurore, *The Forest or Treesc : preference for global over local image processing is reversed by prior experience in honeybees,* Proceedings of the Royal Society B, 3 déc 2014.

Avarguès-Weber Aurore, L'intelligence des abeilles, Pour la Science n° 249, juillet 2013.

Avarguès-Weber A. et al, *Simultaneous mastering of two abstracts concepts with a miniature brain*, PNAS, vol. 109, pp. 7481-7486, 2012.

Berthoz Alain, *Le sens du mouvement,* Odile Jacob, 1997.

Berthoz Alain, *La décision*, Odile Jacob, 2003.

Berthoz A. Petit J-L., *Phénoménologie et physiologie de l'action,* Odile Jacob, 2006.

Berthoz Alain, *La simplexité*, Odile Jacob, 2009.

Bruce Vicki, Green Patrick, *La Perception Visuelle, physiologie, psychologie et écologie,* Traduction Raymond Bruyère, Presse Universitaires de Grenoble,1993.

Chabris C., Simons D., *Le Gorille Invisible, Quand nos intuitions nous jouent des tours,* Editions Le Pommier, 2015.

Changeux P., *L'Homme Neuronal,* Hachette,1983.

Damasio Antonio, *Self Comes to Mind, Constructing the Conscious Brain*, Pantheon Books, N.Y., 2010.

Damasio Antonio, *L'Autre Moi-même*, les nouvelles cartes du cerveau, de la conscience et des émotions, Odile Jacob, 2010.

Damasio A., *L'erreur de Descartes*, Odile Jacob, 2001.

Damasio, *Le sentiment même de soi, corps, émotion, conscience*, Odile Jacob, 2002.

Damasio A., *Spinoza avait raison, Joie et tristesse, le cerveau des émotions*, Odile Jacob, 2005.

Dehaene Stanislas, *La bosse des maths*, Odile Jacob, 2010.

Dehaene Stanislas, Petit Christine : *Parole et Musique, aux origines du dialogue humain*, Odile Jacob, 2009.

Dehaene Stanislas, *Le code de la conscience*, Odile Jacob, 2010.

Frith Chris, *Comment le Cerveau Crée notre Univers Mental*, Odile Jacob, 2010.

Gazzaniga Michael S, *The Bisected Brain. New York*, Appleton-Century-Crofts, (1970).

Koch Christof, *A la Recherche de la Conscience, une enquête neurobiologique,* Odile Jacob, 2006.

Lachaux Jean-Philippe, *Le cerveau attentif, contrôle, maîtrise et lâcher-prise,* Odile Jacob, 2013.
Le Bihan Denis, Le Cerveau de Cristal, ce que nous révèle la neuro-imagerie, Odile Jacob, 2012.
Naccache Lionel, *Le nouvel inconscient, Freud le Christophe Colomb des neurosciences,* Odile Jacob, 2009.
O'Regan, Kevin, *Sensorimotor approach to phenomenal consciousness*, in Baynes, T, Cleeremans, A&Wilken, P, Ed Oxford Companion of Consciousness, (pp. 588-593), Oxford University Press, 2009.
Peterhans E., *Functionnal Organisation of area V2 in the awake monkey in Cerbral Cortex*, Vol 12, Rockland, K.S., Kaas, J.H., & Peters, A., eds., pp. 335-358. New York, Plenum Press, 1997.
Peterhans E., von der Heydt R., *Subjective contours : Bridging the gap between psychophysics and physiology*, Trend Neurosciences.14, 112-119, 1991.
Proudhon Pierre-Joseph, *Qu'est-ce que la propriété ?* Livre de Poche, 2009.
Ramachandran V., *Le Fantôme Intérieur*, Odile Jacob, 2002.
Ramachandran V., *Le Cerveau Fait de l'Esprit*, Dunod, 2011.
Rizzolatti Giacomo, Sinigaglia Corrado, *Les Neurones Miroirs*, Odile Jacob, traduit par Marilène Raiola, Paris 2007.
Rizzolatti G. et al. (1996) *Premotor cortex and the recognition of motor actions* Cognit. Brain Res. 3, 131–141
Rizzolatti G., Caggiano V., Fogassi L.et coll, *« Mirror neurons differentially encode the peripersonal and extrapersonal space of monkeys »*, Science, no 324, 2009, p. 403-406
Keysers Christian, Gazzola Valeria, *« Social Neuroscience: Mirror Neurons recorded in Humans »*, Current Biology, vol.20, no 8, 2010, R353–354
Vincent J-D., *Voyage extraordinaire au centre du cerveau*, Odile Jacob, 2009.
Wallace Alfred Russell, *Letters from the Malay Archipelago*, OUP Oxford, 2013.

Biologie. Physiologie. Evolution

Ben-Jacob Eschel, Levine Herbert, *Des fleurs de bactéries*, Pour la Science, dossier 44.

Beaune Sophie de, Balzeau Antoine, *Notre préhistoire, La grande aventure de la famille humaine*, Belin, 2016.

Chaline Jean, Marchand Didier, *Les merveilles de l'évolution*, Editions Universitaires de Dijon, 2002.

Cossard Pascale, *La nouvelle microbiologie, des microbiotes aux CRISPR*, Odile Jacob, 2016.

Darwin Charles, *L'expression des émotions chez l'homme et chez les animaux,* Editions Payot &Rivages, 2001.

Enders Julia et Jill, *Le Charme Discret de l'Intestin*, Actes Sud, 2015.

Heard Edith, *Epigénétique et mémoire cellulaire*, Collège de France, Fayard, 2013

Jacob François, *La Logique du Vivant, Une histoire de l'hérédité,* Gallimard, 1970.

Laborit Henri, *Biologie et structure*, Poche 1968.

Laborit Henri, *L'homme imaginant*, Poche 1970.

Laborit Henri, *L'agressivité détournée*, Poche 1970.

Laborit Henri, *L'inhibition de l'action*, Masson, 1979.

Laroche, Serge, *Mécanismes cellulaires et moléculaires de la mémoire*, Biologie Aujourd'hui, vol. 204, pp. 3-102, 2010.

Luchetta Philippe, *Biologie moléculaire en 30 fiches*, Dunod, 2013.

Lewin Benjamin, *Gènes*, Médecine Sciences, Flammarion,1992.

Lorentz Konrad, *Trois essais sur le comportement animal et humain*, Seuil, 1970.

Mac Lean Paul D., *Les Trois Cerveaux de l'Homme*, Laffont, 1990.

Monod Jacques, *Le hasard et la nécessité*, Points, 1970.

Monod J., Wyman J., Changeux J.P., *On the Nature of Allosteric Transitions, A Plausible Model*, Journal of Molecular Biology, 1965, May : 12-88-118.

Pavé Alain, *La nécessité du hasard, vers une théorie synthétique de la biodiversité,* EDP Sciences, 2012.

Pavlov Ivan Petrovitch, *Les Réflexes Conditionnés*, Presses Universitaires de France, 1977.

Prochiantz Alain, *Qu'est-ce que le vivant ?*, Seuil, 2012

Sabonnière Bernard, *La Chimie des Sentiments*, J.C. Gassewitch JCG, 2012.
Zammatteo Nathalie, *L'impact des émotions sur l'ADN*, Editions Quintesssence, 2014.
Varma Djayabala, *L'hypnose en psychosomatique*, L'Harmattan, 2008.
Kupiec Jean-Jacques, *La Vie et Alors?* Belin, Pour la Science, 2013.
Kupiec Jean-Jacques, Ni Dieu ni Gène, Pour une autre théorie de l'hérédité, Seuil, 2000.
Reeves H., De Rosnay J, Coppens Y, Simonet D., *La plus belle histoire du monde, les secrets de nos origines,* Seuil, 1996.
von Frisch Karl, *Dix petits hôtes de nos maisons*, Paris, Albin Michel, 1959.
von Frisch Karl, *L'homme et le monde vivant : une biologie moderne à la portée de tous*, Albin Michel,1960.
von Frisch Karl, *Le petit livre des insectes*, Insel Verlag, 1961.
von Frisch Karl, *Le langage de la danse et l'orientation des abeilles*, Berlin, Springer Verlag, 1965.
von Frisch Karl, *Vie et mœurs des abeilles*, Paris, Albin Michel, 1984.
von Frisch Karl et Otto, *Architecture animale*, Albin Michel, 1975.

Vivre ensemble - Philosophie. Sociologie. Communication

Aaron Raymond, *Dimensions de la Conscience Historique*, Plon,1961.
Aaron Raymond, *Les étapes de la pensée sociologique*, Gallimard, 1967.
Azrié Abed, *L'épopée de Gilgamesh*, Ed. Berg International, 2006.
Bigand Emmanuel, *Le Cerveau mélomane*, Belin, 2013.
Bohr Niels, *Physique atomique et connaissance humaine*, Folio Essais, 1991.
Bohr Niels, *The Theory of Spectra and Atom Constitution, Three Essays*, Cambridge University Press, 2011.
Cheng Anne, *Histoire de la Pensée Chinoise*, Points, 2014.
Billeter Jean-François, *Etudes sur Tchouang-tseu*, Eds. Allia, 2013.
Carroll Lewis, *Alice au Pays des Merveilles*, Poche Jeunesse, 2010. (1867)
Carroll Lewis, *De l'autre côté du miroir*, Poche Jeunesse, 2010 (1871)

Coomaraswamy, Ananda, *Les symboles fondamentaux de l'Art Bouddhiste,* Arche -Milano, 2005.
Coomaraswamy, Ananda, Indouisme et Bouddhisme, Poche, 1995.
Danielou Alain, *Mythes et Dieux de l'Inde : le polythéisme hindou,* Flammarion, 2009.
Debray Régis, *L'enseignement du fait religieux dans l'école laïque : rapport au Ministère de l'Education Nationale*, Odile Jacob, 2002.
Descartes René, *Discours sur la Méthode*, J'ai Lu, 2013.
Des Ruisseaux Pierre, *Pop Wooh, Pop Vuh, Le livre du temps, Histoire sacrée des Mayas quichés*, Tryptique, Le Castor Astral, 2002.
Demetian Serge, Lacombe Olivier, *Le Ramayana, conté selon la tradition orale*, Albin Michel, 2001.
Durkheim Emile, *Les formes élémentaires de la vie religieuse*, PUF, 1912, 2008.
Droit Roger-Pol, *La tolérance expliquée à tous*, Seuil, 2016.
Fourier Charles, *L'Ordre subversif. Trois textes sur la Civilisation*, Paris, Aubier Montaigne, 1972.
Frank Robert, *La hantise du déclin : La France de 1914 à 2014,* Belin, 2014.
Eliade Mircea, *Traité d'histoire des religions*, Payot,1964.
Eliade Mircea*, Images et symboles, essais sur le symbolisme magico-religieux*, Gallimard, 1952.
Favre Henri, *Les Incas*, « Que sais-je ? », 2003.
Foucault M., *La pensée du dehors*, Fata Morgana,1986.
Fouillet A., *L'empire ludique, Comment le monde devient (enfin) un jeu,* Editions FB, 2014.
Garcilaso de la Vega Inca, *Commentaires royaux sur le Pérou des Incas*, Edts de la Découverte, 2000.
Gide André, *La symphonie pastorale*, Edts Gallimard, 1928.
Giordano Bruno, *L'infini, l'univers et les mondes*, Berg International, 2000.
Hiatt L.R., *Australian Aboriginal Mythology*, Canberra, AIAS, 1974.
Höffding Harald, *Esquisse d'une psychologie fondée sur l'expérience*, Paris, Alcan, 1903.
Höffding Harald, *La pensée humaine, ses formes et ses problèmes*, Paris, Alcan, 1911.
Hume, David, *Dialogues sur la religion naturelle*, Vrin 2005.

Itier César, *Les Incas*, Paris I, coll. « Guide Des Civilisations », 2008.
Jung C.G., *Présent et Avenir*, Poche, Edts Buchet/Chastel, 1995.
Keynes John Maynard, *A Treatese on Money*, Martino Fine Books, 1873.
Laurentin René (dir.), Sbalchiero Patrick (dir.), *Dictionnaire des « apparitions » de la Vierge Marie : Inventaire des origines à nos jours : Méthodologie, bilan interdisciplinaire, prospective*, Fayard, Paris, 2007
La Rocca F., *La ville dans tous ses états*, CNRS Editions, 2013.
Margolis Eric, Laurence Stephen, *The Conceptual Mind New directions in the study of concepts,* MIT Press, 2015.
Merleau-Ponty Maurice, *Phénoménologie de la Perception*, Gallimard,1945.
Messinger J., *Ces gestes qui vous trahissent, découvrez le sens caché de vos gestes*, FIRST Editions, 2005.
Maffesoli M., *Le Fake*, Cahiers Européens de l'Imaginaire, CNRS, 2014.
Maffesoli, M., *Le réenchantement du monde*, Perrin, 2009.
Maffesoli M., *La crise est dans nos têtes*, Jacob-Duvernet, 2011.
Maffesoli M., *Homo eroticus*, des communions émotionnelles, CNRS Editions, 2012.
Michelet Jules, *Histoire de France*, Flammarion, 1893.
Museum d'histoire naturelle, *Mille Cerveaux Mille Mondes*, Nathan, 1999.
Montaigne Michel de, *Les Essais*, Folio, 2009.
Naccache Lionel, *Perdons-nous connaissance ? De la mythologie à la neurologie,* Odile Jacob, 2010.
Nagarjuna, *Les stances du milieu,* Seuil, 1998.
Nietzsche F., *Le Gai Savoir*, Flammarion, 1997.
Nietzsche, Frederic, *La Volonté de Puissance*, Poche 1995.
Peterfalvi J-M., Biardeau M., *Le Mahabarhata*, tomes 1 et 2, Poche,1993
voir aussi *Le Mahabharata*, MP Productions Channel Four, Wild Side Video, DVD.
Proust Marcel, *A la Recherche du Temps Perdu, Du côté de chez Swann*, Livre de Poche, 1992.
Reeves H., Stengers I., Thom R., Ekeland I., Humbert E., Clément O.,

Cazenave M., Monchicourt M-O., *Approches du Réel*, Editions le Mial, France Culture, 1986.
Ripa Yannick, *L'étonnante histoire des belles-mères*, Belin, 2015.
Saint-Exupéry Antoine de, *Le Petit Prince*, Folio, Gallimard, 1946.
Saint-John Perse, *Œuvres complètes*, Pléiade, Gallimard, 1972.
Saint-John Perse, *L'imagination créatrice*, par Colette Camelin, Hermann, 2007.
Tavoillot Pierre-Henri, Tavoillot François, *L'Abeille (et) le philosophe, Etonnant voyage dans la ruche des sages.* Odile Jacob. 2015.
Theilhard de Chardin Pierre, L*a Place de l'homme dans la nature*, 1965, Albin Michel, 1996.
Urton Gary, *Mythes incas*, Points Seuil, 2004.
Weber Max, *L'Ethique protestante et l'esprit du capitalisme* (1905) Flammarion, 2000.
Weber Max, *Confucianisme et Taoïsme* (1916), traduction par Catherine Colliot-Thélène et Jean-Pierre Grossein, Gallimard, 2000.
Weber, Max, *Hindouisme et Bouddhisme* (1916), traduction par Isabelle Kalinowski et Roland Lardinois, Flammarion, 2003.

Psychologie. Psychanalyse. Psychiatrie.

Adler Alfred, *What life should mean to you*, Unwin Hyman, 1932.
Alfred Adler, *La psychologie de la vie*, L'Harmattan, 2006.
Anzieu D., *Le Penser, Du Moi-peau au Moi-Pensant*, Dunod, 2013.
Bonvin Eric, Salem Gérard, *Soigner par l'hypnose*, Elsevier Masson, 2012.
Bonvin Eric, *Comment fonctionnent les illusions produites par notre cerveau ?* France Culture, Sciences publique, Michel Alberganti, podcast 25.03.2016
Erickson Milton, *L'hypnose thérapeutique par 4 conférences,* ESF Studio, 1990.
Forward Susan, *Le chantage affectif, Quand ceux que nous aimons nous manipulent,* Inter Editions, 1998.
Freud Sigmund, *Introduction à la psychanalyse,* Payot, 2004.
Freud, *L'inconscient*, Poche, 2013.
Haley Jay, *Un thérapeute hors du commun, Milton Erickson*, Declée Brouwers, Paris, 1984.

Jankélévitch Vladimir, *Le Je-ne-sais-quoi et le Presque-rien,* Seuil, 1981.
Lacroix Michel, *Le culte de l'émotion*, Flammarion, 2001.
Le Coz Pierre, *Le gouvernement des émotions et l'art de déjouer les manipulations,* Albin Michel, 2014.
Massin Christophe, *Une Vie en Confiance, Dialogues sur la peur et autres folies*, Odile Jacob.
Oughourlian Jean-Michel, *Notre troisième cerveau*, Albin Michel, 2013.
Rosen Sidney, *Ma voix t'accompagnera, Milton Erickson raconte,* HG, 1991.
Yung C.G., *Les métamorphoses de l'âme et ses symboles,* Poche, 2014.
Cortazar Julio, *Les Gagnants*, Gallimard, 1982. Traduction de Laure Guille-Bataillon de *Los Premios*, 1960.
Cortazar Julio, *Marelle*, Gallimard, 1979. Traduction de Laure Guille-Bataillon et Françoise Rosset de *Rayuela,* 1963.
Cortazar Julio, *Cronopes et Fameux,* Gallimard, 1992. Traduit par Laure Guille-Bataillon *de Historias de cronopios y de famas,* 1962
Cyrulnik Boris, *Résilience, connaissances de base*, Odile Jacob, 2012.
Cyrulnik Boris, *Ivres paradis, bonheurs héroïques*, Odile Jacob, 2016.

Table des illustrations

78 illustrations

En couverture l'illusion de Fraser.

P 61 Jean-Yves David, *Cercles,* avec l'aimable autorisation de l'artiste.

P 66 Isia Leviant, *Enigma,* avec l'aimable autorisation des héritiers.

P 71 Ottavio Campo, *Portrait et personnages*, Adobe, reproduction libre, http://www.topissimo.fr/wahou/10-peintures-forment-illusions-doptique-totalement-dementes.html?utm_source=outbrain-tablette&utm_medium=referral&utm_term=5724328

P 73 Xavier Tardy, *Village*, aquarelle, avec l'aimable autorisation de l'artiste.

P 74 M.C. Escher, *Les Trois Mondes*, © 2016 The Escher Company-The Nederlands. All rights reserved.

P 77H Hernan Zambrano, *Sculpture de Lumière*, avec l'aimable autorisation de l'artiste.

P 75 B Will Menter, *Installation sonore sur le torrent,* avec l'aimable autorisation de l'artiste.

P 78 Georges de la Tour (1593-1652), *Le Tricheur à l'As de Carreau*, © RMN, RF 1972-8, localisation : Paris Musée du Louvre. photo © RMN-Grand Palais (musée du Louvre) / Adrien Didierjean.

P 82 H Cécile Fouillouze, *Mon corps est ailleurs*, céramique, avec l'aimable autorisation de l'artiste.

P 82 B Colette Robin, *Mon esprit est ailleurs*, céramique, avec l'aimable autorisation de l'artiste.

P100 Hernan Zambrano, *L'enfant repéré*, huile, avec l'aimable autorisation de l'artiste.

P101 Osnek, *L'homme à la casserole*, œuvre éphémère de la rue, avec l'aimable autorisation de l'artiste.

P107 Le Roux Etienne, *14-18, Discussion avec le Chef*, BD, avec l'aimable autorisation de l'artiste.

P110 Hernan Zambrano, *L'homme au trombone*, huile, avec l'aimable autorisation de l'artiste.

P111 Le Roux Etienne, *14-18, Colonne dans un chemin creux*, BD, avec l'aimable autorisation de l'artiste.

P147-148-149 Jean-Yves David, *Cercles*, Annexe I, avec l'aimable autorisation de l'artiste.

P151-152 Jean-Yves David, *Les barres de touches noires et blanches*, Annexe II, avec l'aimable autorisation de l'artiste.

Les images P071, 072, 085, 090, 091, 103, 112,118, 119, 125 sont des images Wikipedia® licence Creative Commons.

Les dessins, peintures et schémas sont produits par l'auteur.

Toutes les autres illustrations relèvent du domaine public.

Index

Aaron, 130, 174
abstraits, 8, 14, 15, 21, 23, 125, 135
action, 13, 14, 22, 29, 30, 33, 34, 38, 40, 44, 45, 46, 47, 48, 49, 52, 55, 58, 64, 79, 80, 96, 98, 117, 121, 126, 135, 157, 161, 162, 165, 169, 171, 173
affectifs, 30
Aglioti, 67, 68, 170
aléatoire, 78, 89, 95, 138, 140, 141, 157
alerte, 38, 41, 116, 159
Ampère, 87
amygdale, 27, 32, 38, 41, 159
analogie, 49, 140
anthropomorphisme, 14, 49
anticipation, 29, 30, 46, 157, 165
anticiper, 24, 29, 48, 141
apprentissage, 14, 28, 30, 40, 48
Archimède, 16, 48, 141, 144, 169
Armstrong, 102
art, 13, 30, 56, 71, 79, 178
Aspect, 54, 90, 92
assemblées, 25
attention, 8, 9, 15, 19, 26, 32, 33, 35, 37, 38, 41, 42, 43, 44, 76, 80, 98, 99, 102, 103, 104, 105, 159, 161, 167
auditifs, 48
Avarguès-Weber, 123, 126, 171
Bachelard, 94, 169
bactéries, 14, 118, 122, 123, 124, 173
Barthes, 79, 96, 169
Bernoulli, 137, 169
Bohr, 88, 90, 95, 174
Bolot, 26, 57, 73, 169
Bonvin, 44, 177
Broca, 30
Broglie, 138, 169
calculs, 64
caméra, 17, 38
capacochas, 134
capteur, 8, 19, 38, 39
Carroll, 81, 174
cartes, 15, 33, 47, 51, 79, 105, 171
centres d'intérêts, 73
cercle, 48, 49, 61, 67, 88, 119, 147
certitudes, 126, 132
cerveau, 17, 21, 22, 23, 25, 26, 28, 31, 32, 34, 35, 37, 38, 39, 40, 41, 43, 44, 45, 47, 51, 58, 61, 62, 64, 68, 69, 73, 84, 85, 87, 105, 121, 125, 126, 128, 132, 135, 138, 139, 141, 143, 149, 152, 153, 154, 157, 159, 161, 162, 170, 171, 172, 177, 178
cerveau droit, 51, 132, 138, 152, 153, 154, 170
cerveau gauche, 51, 61, 64, 69, 126, 132, 138, 149, 152, 154
Chabris, 35, 171
chameau, 36, 37
Changeux, 119, 171, 173
Chevreul, 85
choix, 34, 38, 55, 97, 98, 103, 104, 105, 109
cognitives, 58
Cohen-Addad, 95
cohérentes, 64, 92
communication, 46, 115, 125, 162
complexité, 13, 40, 45, 47, 54, 104, 114, 116, 126, 127, 158, 161

comportement, 14, 51, 70, 95, 107, 117, 121, 123, 132, 135, 137, 158, 173
concepts, 8, 14, 15, 21, 23, 113, 125, 126, 159, 171, 176
conscience, 11, 15, 19, 38, 40, 41, 44, 98, 100, 105, 140, 143, 153, 157, 159, 160, 161, 171
conscient, 14, 56, 58, 140, 141, 157, 161
contexte, 37, 41, 42, 44, 49, 85, 99, 103, 107, 130, 137, 140, 142
corpuscule, 88
Cortazar, 51, 155, 178
Cortès, 129
Cuba, 108
culture, 52, 73, 95, 110, 112, 114, 129, 130, 133, 139, 143, 165
Curie, 87
cycles, 117, 119
Cyrulnik, 107, 178
Dali, 72
Damasio, 48, 160, 171
Darwin, 137, 173
décision, 11, 34, 47, 52, 58, 97, 98, 103, 107, 108, 140, 157, 171
Démocrite, 13, 89
Derain, 72
Descartes, 88, 171, 175
déterministe, 49, 157
dispositions, 8, 14, 15, 48, 139
dopaminergiques, 8, 26, 31, 48
Durkheim, 113, 175
Einstein, 87, 95
émergence, 8, 45, 46, 55, 110, 140
empathie, 30
encapsulé, 44
énergie, 13, 45, 69, 87, 89, 90, 91, 94, 95, 96, 117, 122, 123, 137, 153
environnement, 25, 29, 44, 45, 47, 49, 52, 54, 55, 68, 93, 96, 98, 100, 104, 117, 120, 121, 131, 142, 143, 153, 157, 158, 159, 162
épisodique, 43, 47
Ernest Pignon Ernest, 101
Escher, 74, 170, 179
événements, 14, 15, 17, 34, 41, 42, 53, 58, 115, 119
évolutif, 49, 52
évolution, 24, 32, 48, 55, 95, 96, 97, 132, 137, 154, 173
explicites, 47
extérieur, 39, 44, 45, 54, 68, 117, 158
faits, 17, 21, 37, 42, 44, 97, 115
fantaisiste, 15, 49
Farinelli, 85
Felleman, 11, 39, 40, 51, 145, 165
fiables, 67
focalisation, 32, 41, 98, 161
focalisé, 37
Fouillouze, 82, 179
Fourier, 127, 175
Franklin, 87
Fraser, 60, 61, 149
futur, 80, 86
Gazzaniga, 11, 51, 64, 105, 138, 145, 149, 153, 154, 171
Geiger, 87, 95, 96
Gide, 46, 175
Giordano, 133, 175
gorille, 35, 36, 104
grand-mère, 8, 26, 27, 28, 29, 40, 47, 48, 58, 59, 105, 109, 139
groupes, 105, 111, 132, 133, 143
Heisenberg, 93
Hermann, 62, 69, 170, 177
hésitations, 13, 15, 98
hippocampe, 47
Hitchcock, 80
Höffding, 88, 175
Hume, 97, 175
hypnose, 22, 41, 174, 177

illusions, 8, 13, 15, 19, 21, 23, 51, 55, 57, 59, 68, 69, 71, 135, 170, 177, 179
illusions d'optique, 13, 15, 57, 69, 71
images, 8, 9, 14, 15, 16, 23, 27, 47, 48, 49, 56, 59, 61, 62, 69, 74, 76, 87, 88, 99, 126, 127, 137, 138, 139, 140, 141, 144, 180
imaginaire, 49, 130, 132
implicites, 47
inca, 133
incertitude, 14, 55, 65, 70, 86, 90, 93, 96, 103, 106, 108, 116, 123
incertitudes, 13, 15, 50, 65, 83, 105, 114, 137
incohérente, 20
incomplétudes, 23, 128
inconscient, 58, 140, 141, 143, 157, 161, 172
informations, 17, 19, 26, 31, 32, 33, 34, 39, 41, 43, 64, 67, 69, 105, 108, 115, 116, 152, 153, 154, 159, 167
intention, 44, 46, 108, 161
intentions, 13, 15, 17, 30, 44, 58, 117, 165
interférence, 14, 44, 49, 54, 69, 75, 76, 78, 79, 91, 92, 96, 100, 110, 121, 122, 129
interférences, 13, 15, 49, 54, 55, 59, 61, 62, 77, 78, 91, 92, 95, 104, 105, 110, 121, 122, 137
interprétation, 47, 92, 154
intrication, 14, 50, 51, 54, 55, 63, 64, 70, 79, 81, 86, 92, 96, 102, 112, 114, 122, 123
intrications, 13, 15, 49, 50, 104, 105, 137
intriquée, 47, 54
Jankélévitch, 97, 178
jugement, 52
Kanizsa, 63, 70
Kant, 68
Keynes, 127, 176
Keysers, 30, 172
Koch, 27, 171
La Rochefoucauld, 108
Laborit, 143, 173
langage, 30, 40, 51, 153, 174
Laroche, 40, 173
Le Roux, 107, 111, 180
Leviant, 65, 66, 70, 179
lieu, 32, 43, 47, 54, 58, 64, 65, 68, 69, 70, 79, 80, 81, 83, 87, 96, 106, 131, 134, 154
limbique, 31, 32
logique, 10, 13, 15, 20, 68, 69, 71, 87, 88, 97, 103, 105, 107, 126, 128, 130, 132, 137, 138
Lorentz, 121, 173
Lumière Neutre, 26, 169
Mac Lean, 105, 173
Maffesoli, 112, 176
Magritte, 75
main, 19, 27, 29, 30, 33, 67, 84, 124, 126, 132, 153, 155, 167
Maxwell, 87
maya, 129, 130
mémoire, 8, 14, 19, 21, 22, 31, 34, 35, 38, 40, 41, 42, 43, 44, 45, 47, 48, 50, 51, 54, 58, 59, 67, 87, 99, 111, 138, 139, 144, 167, 173
mémorisation, 28, 40, 41, 45
Menter, 77, 179
messager, 31
messagers, 38
mesure, 9, 10, 14, 46, 49, 55, 67, 68, 70, 85, 90, 92, 94, 96, 104, 114, 124, 131, 137, 143, 159
Michelet, 130, 176
milieu, 9, 10, 14, 50, 55, 63, 68, 70, 74, 85, 94, 96, 97, 104, 114, 124, 131, 137, 158, 176
miroirs, 8, 26, 29, 105, 117, 172
moteurs, 30

mouvement, 14, 22, 30, 33, 51, 66, 67, 84, 87, 90, 91, 96, 119, 138, 141, 166, 171
multimodale, 29
multisensorielle, 14, 20, 52
musique, 27, 47, 78, 80, 86, 98, 102, 110, 144
mythes, 10, 128, 129, 132, 133, 134, 140
mythologies, 13, 55, 135
neurones, 8, 23, 25, 26, 27, 28, 29, 30, 31, 33, 34, 40, 42, 46, 47, 48, 51, 64, 105, 117, 125, 139, 153, 172
nez, 19, 33, 94, 128
Nietzsche, 71, 176
Ninio, 57, 170
non localisé, 64
non localité, 9, 10, 13, 14, 15, 54, 55, 63, 79, 81, 92, 101, 111, 122, 129
norme, 22
Objet, 41, 42, 158, 159, 160
objets, 21, 23, 33, 42, 51, 67, 73, 78, 167
Ocampo, 71
œil, 19, 38, 39, 51, 59, 61, 68, 69, 72, 73, 85, 96, 152, 165, 167, 170
onde, 54, 87, 88, 90, 91, 92, 93, 94, 96, 138
oreille, 11, 19, 51, 145, 155
oscillations, 13, 15, 50, 53, 55, 58, 69, 86, 90, 105, 137
Osnek, 101, 180
Padre Pio, 131
parole, 78, 100, 113, 116, 128, 138, 153, 154
Pastoureau, 110, 170
Pavlov, 31, 173
pensée rationnelle, 15, 105, 126, 138, 139, 142
pensée sensible, 15, 105, 139, 142
perception, 8, 9, 13, 14, 16, 20, 22, 24, 26, 29, 33, 34, 35, 38, 42, 44, 45, 46, 47, 48, 49, 50, 52, 53, 55, 58, 59, 60, 62, 64, 65, 66, 67, 72, 83, 86, 92, 96, 105, 106, 110, 111, 117, 121, 126, 135, 140, 141, 157, 159, 161, 165
perçue, 15, 41, 43, 46, 47, 60
Peterhans, 8, 26, 27, 29, 48, 64, 105, 172
phénomène, 22, 26, 36, 38, 41, 54, 58, 64, 75, 87, 88, 92, 149, 153, 157, 159, 161
physique, 13, 15, 23, 24, 41, 42, 44, 46, 55, 56, 57, 67, 68, 69, 88, 92, 94, 95, 96, 103, 111, 115, 127, 132, 137, 162, 169, 170
physiquement, 17, 23, 60, 63, 68, 157, 158
Picasso, 72
pigment, 75
Planck, 89, 137, 170
Poincaré, 137, 170
prélèvement, 68, 104, 124, 131
prémoteur, 29, 30
présent, 34, 43, 44, 46, 80, 86, 129, 130, 143, 158
Prokofiev, 144
proprioception, 48
Proudhon, 114, 172
Proust, 43, 176
psychologie, 13, 35, 50, 55, 104, 135, 171, 175
punctum, 79, 96
quantique, 3, 13, 14, 15, 56, 88, 89, 90, 91, 92, 95, 96, 138, 140, 141, 142
quantum, 13, 89
quotidien, 3, 14, 16, 26, 38, 44, 95, 118, 123, 128, 134, 158
rationnel, 43, 110, 142
rayonnement, 87, 88, 95
réalités, 46, 130, 132
récompense, 31, 32
réductions, 23
regarder, 37, 41, 54, 92

relations, 70, 88, 107, 133, 139, 142
représentation, 41, 46, 69, 76, 88, 127, 140, 157, 165
représentée, 46, 127
représenter, 14, 26, 27, 33, 46, 87, 88, 157, 161, 162, 169
réseaux, 28, 33, 40, 42, 43, 46, 49, 91, 142
Resnay, 143
restitution, 44, 45
rétine, 38, 39, 41
Rizzolatti, 29, 30, 172
Robin, 82, 179
Rutherford, 88, 170
Saint-Exupéry, 144, 177
Saint-John Perse, 56, 177
savoirs, 53, 139
scénarios, 14, 21, 47, 64, 141, 152, 154, 157
schémas, 8, 9, 13, 14, 15, 16, 20, 45, 48, 49, 50, 51, 52, 53, 55, 56, 67, 69, 88, 95, 96, 105, 106, 111, 116, 117, 126, 130, 135, 140, 141, 142, 180
schémas de perception et d'action, 8, 9, 13, 14, 16, 48, 49, 50, 52, 53, 105, 106, 111, 117, 135, 140, 141
sciences du vivant, 13, 55, 135
sens, 14, 19, 21, 22, 24, 38, 48, 51, 57, 74, 79, 92, 113, 121, 125, 130, 131, 139, 153, 155, 163, 171, 176
sensations, 8, 21, 32, 51, 167
sensibles, 24, 33, 64, 138, 142, 152, 167
sensoriels, 39, 48
sentir, 22, 29
sillon intrapariétal, 26, 33
SIP, 47, 48, 105
social, 42, 44, 107, 108, 113, 114, 116, 127, 128, 131, 157, 158
sociologie, 13, 55, 135
Soi, 42, 45, 159, 160, 162
souvenir, 29, 42, 43, 78, 99, 102
spirales, 61, 149
stable, 39, 95, 118
studium, 79, 96
superposition, 14, 29, 49, 59, 62, 69, 72, 73, 90, 91, 96, 98, 99, 109, 114, 115, 120, 121, 130
superpositions, 13, 15, 49, 53, 55, 99, 105, 137
survie, 29, 32, 34, 38, 39, 47, 52, 98, 107, 111, 123, 131, 157
survivre, 8, 24, 49, 50, 51, 55, 125, 130
sympathie, 42, 100
synapses, 25, 26, 40
tactile, 19, 33
Tardy, 73, 179
témoins, 17, 18, 19
temps, 22, 23, 40, 42, 44, 49, 54, 55, 62, 65, 68, 69, 80, 81, 83, 86, 87, 90, 92, 93, 95, 96, 97, 98, 102, 106, 109, 111, 123, 131, 140, 160, 162, 175
Theilhard de Chardin, 133, 177
Titchener, 67, 70
tout, 14, 35, 36, 37, 38, 39, 41, 44, 46, 47, 65, 75, 79, 87, 91, 98, 104, 105, 113, 120, 124, 125, 126, 127, 130, 131, 137, 139, 142, 143, 153, 155
traits, 26, 64, 65, 83, 84, 86, 105
ubiquité, 9, 10, 54, 55, 63, 79, 92, 101, 111, 113, 122, 129, 131
V2, 26, 166, 172
variables complémentaires, 54, 55, 65, 106, 131
Vasarely, 72
Vérité, 132
vidéos, 14
virtuel, 26, 64, 70, 81, 115, 161
visuels, 48, 58
vivant, 10, 30, 46, 49, 83, 116, 117, 120, 126, 127, 132, 158, 161, 162, 163, 173, 174

voir, 14, 17, 29, 35, 36, 37, 39, 40, 42, 88, 97, 109, 114, 117, 125, 169, 176
von Frisch, 123, 174
Wallace, 137, 172
Weber, 139, 177
Weiskrantz, 165
Woody Allen, 79
Young, 91
Zambrano, 77, 100, 110, 179, 180
Zif268, 28, 40, 43

L'HARMATTAN ITALIA
Via Degli Artisti 15; 10124 Torino
harmattan.italia@gmail.com

L'HARMATTAN HONGRIE
Könyvesbolt ; Kossuth L. u. 14-16
1053 Budapest

L'HARMATTAN KINSHASA
185, avenue Nyangwe
Commune de Lingwala
Kinshasa, R.D. Congo
(00243) 998697603 ou (00243) 999229662

L'HARMATTAN CONGO
67, av. E. P. Lumumba
Bât. – Congo Pharmacie (Bib. Nat.)
BP2874 Brazzaville
harmattan.congo@yahoo.fr

L'HARMATTAN GUINÉE
Almamya Rue KA 028, en face
du restaurant Le Cèdre
OKB agency BP 3470 Conakry
(00224) 657 20 85 08 / 664 28 91 96
harmattanguinee@yahoo.fr

L'HARMATTAN MALI
Rue 73, Porte 536, Niamakoro,
Cité Unicef, Bamako
Tél. 00 (223) 20205724 / +(223) 76378082
poudiougopaul@yahoo.fr
pp.harmattan@gmail.com

L'HARMATTAN CAMEROUN
TSINGA/FECAFOOT
BP 11486 Yaoundé
699198028/675441949
harmattancam@yahoo.com

L'HARMATTAN CÔTE D'IVOIRE
Résidence Karl / cité des arts
Abidjan-Cocody 03 BP 1588 Abidjan 03
(00225) 05 77 87 31
etien_nda@yahoo.fr

L'HARMATTAN BURKINA
Penou Achille Some
Ouagadougou
(+226) 70 26 88 27

L'HARMATTAN SÉNÉGAL
10 VDN en face Mermoz, après le pont de Fann
BP 45034 Dakar Fann
33 825 98 58 / 33 860 9858
senharmattan@gmail.com / senlibraire@gmail.com
www.harmattansenegal.com

www.ingramcontent.com/pod-product-compliance
Lightning Source LLC
LaVergne TN
LVHW021208061026
849535LV00008B/2628
* 9 7 8 2 3 4 3 1 3 1 6 4 1 *